职业教育计算机类专业融媒体教材

计算机装调与维修实用技术

第 2 版

主　编　王公儒　王晓辉
副主编　蒋　晨　汤文杰
参　编　田根源　马文明

机械工业出版社

本书依据相关职业技能标准、专业教学标准、专业教学条件建设标准和相关工业标准要求编写，围绕培养计算机与外部设备等数字化设备的安装、调试、应用与维修等专业技能设计内容。

全书共 7 个单元，内容包括计算机系统概述、计算机常用标准简介、计算机硬件系统、计算机外部设备、计算机软件系统、计算机系统维护以及常见计算机故障检测分析与技能训练。各单元以情景案例开篇，突出新技术和典型应用。书中设有中国计算机历史记忆故事等德育内容，还以二维码方式配有互动练习、习题、技能训练项目、训练指导视频、高清彩色照片等丰富的数字化资源。

本书适合作为职业院校计算机类专业及相关专业的教材，也可作为信息通信行业安装与调试、应用与维修等专业技术人员的参考书。

本书配有电子课件等教学资源，选用本书作为授课教材的教师可登录机械工业出版社教育服务网（www.cmpedu.com）注册后免费下载，或向编辑（010-88379194）咨询。

图书在版编目（CIP）数据

计算机装调与维修实用技术 / 王公儒，王晓辉主编. 2 版. -- 北京：机械工业出版社，2025.2. --（职业教育计算机类专业融媒体教材）. -- ISBN 978-7-111-77467-9

Ⅰ．TP30

中国国家版本馆 CIP 数据核字第 2025YM5362 号

机械工业出版社（北京市百万庄大街 22 号　邮政编码 100037）
策划编辑：李绍坤　　　　　　责任编辑：李绍坤　张星瑶
责任校对：张爱妮　张昕妍　　封面设计：马精明
责任印制：单爱军
北京虎彩文化传播有限公司印刷
2025 年 2 月第 2 版第 1 次印刷
184mm×260mm・10.5 印张・223 千字
标准书号：ISBN 978-7-111-77467-9
定价：49.80 元

电话服务	网络服务
客服电话：010-88361066	机　工　官　网：www.cmpbook.com
010-88379833	机　工　官　博：weibo.com/cmp1952
010-68326294	金　　书　　网：www.golden-book.com
封底无防伪标均为盗版	机工教育服务网：www.cmpedu.com

前　言

《计算机装调与维修实用技术》第1版在2023年2月出版，2023年入选陕西省"十四五"职业教育规划教材。本次第2版修订中，编者按照教育数字化转型和规划教材修订要求等，重新进行了编写和调整，增加了新技术、新案例、新技能和新应用。以配套大量二维码资源的数字化方式替代了第1版配套的纸质技能训练手册。

在数字经济时代，大数据、云计算、人工智能等技术蓬勃发展，数字化设备成为新技术、新技能的专业生产工具，各行各业都急需掌握计算机等数字设备的安装、调试、应用与维修等专业技术的人才，学好计算机组装与维护越来越重要。

本书首先以计算机系统概述开篇，然后介绍了计算机相关国家标准，接着介绍了计算机硬件系统、外部设备、软件系统，最后介绍计算机系统维护的常识和经验，以具体案例的形式介绍计算机常见故障检测分析等理论知识。各单元以情景案例开篇，突出新技术和典型应用。书中设有中国计算机历史记忆故事等德育内容，还以二维码方式配有互动练习、习题、技能训练项目、训练指导视频、高清彩色照片等丰富的数字化资源。每个技能训练项目包括训练任务来源、训练任务、技术知识点、训练设备、操作步骤、训练报告等丰富的内容。

全书共7个单元，单元1、2通过介绍计算机系统的发展、组成、类型等概念，结合现行国家标准，介绍了计算机系统。单元3、4、5介绍了计算机硬件、外部设备、软件等相关应用。单元6、7介绍了计算机维护及计算机故障检测维修的相关知识。

本书由行业专业工程师和学校教师以校企合作方式编写，由王公儒（西安开元电子实业有限公司）任主编，规划全书框架结构和统稿，编写了单元1，主持开发了配套的电路板焊接套件、计算机装调与维修技能鉴定装置等；王晓辉（西安电子科技大学）任主编，编写了单元2和单元4，提供了计算机系统运维案例；蒋晨（西安开元电子实业有限公司）任副主编，编写了单元3，主持开发了计算机故障诊断治具、计算机故障自动测试软件等；汤文杰（西安爱生技术集团有限公司）任副主编，编写了单元5和单元7，提供了工业计算机维修案例；田根源（驻马店职业技术学院）、马文明（西宁市世纪职业技术学校）任参编，编写了单元6，提供了教学实训案例。

本书的策划、调研、编写与技能训练项目安排和教学实训试用历时5年，举行了多次研讨会，北京大学陈钟、南京信息职业技术学院李建林、黑龙江农业经济职业学院薛永三、长江职业学院何新洲、扎兰屯职业学院周彦斌、银川能源学院王立春等众多资深教授和专家给予了很多建议和指导，行业多个品牌厂家维修中心的资深专家提供了计算机维修案例指导。

在本书编写过程中，陕西省智能建筑产教融合科技创新服务平台和西安开元电子实业有限公司等单位提供了资金、人员和策划支持，西安市总工会西元职工书屋提供了大量的参考书等，西安开元电子实业有限公司王涛、赵婵嫒、刘美琪、于琴等参与制作了教材配套图片、实训项目与视频、习题等，在此表示感谢。

本书配套部分高清图片可扫描相应二维码查看，还配有PPT课件、互动练习、习题、技能训练项目等资源，可访问www.s369.com网站的教学资源栏或者机械工业出版社教育服务网（www.cmpedu.com）以教师身份注册后免费下载。

由于计算机技术是快速发展的综合性学科，编者希望与读者共同探讨，持续丰富和完善本书。编者邮箱：s136@s369.com。

编　者

微课视频二维码索引

序号	视频名称	二维码	章节	页码	序号	视频名称	二维码	章节	页码
1	如何教好计算机装调与维修课程（教师版）		1.1	1	10	CPU检查与安装方法		3.1.1	37
2	如何学好计算机装调与维修课程（学生版）		1.1	1	11	主板检查与安装方法		3.1.2	40
3	计算机装调与维修技能鉴定装置使用方法		1.5	15	12	内存检查与安装方法		3.1.3	46
4	初级训练电路板焊接		1.6.3	20	13	硬盘检查与安装方法		3.1.4	48
5	万用表使用方法		1.6.3	20	14	显卡检查与安装方法		3.1.5	51
6	吸锡器使用方法		1.6.3	20	15	声卡检查与安装方法		3.1.6	52
7	中级训练电路板焊接		2.7.3	35	16	网卡检查与安装方法		3.1.7	53
8	万用表使用方法		2.7.3	35	17	光驱检查与安装方法		3.1.8	54
9	热风枪焊台设置与使用方法		2.7.3	35	18	电源检查与安装方法		3.1.9	55

（续）

序号	视频名称	二维码	章节	页码	序号	视频名称	二维码	章节	页码
19	机箱检查与安装方法		3.1.10	56	29	鼠标清洁与维护方法		4.2.2	75
20	计算机装维工具箱介绍		3.2.1	59	30	键盘清洁与维护方法		4.2.3	75
21	防静电手环使用方法		3.2.3	61	31	激光打印机的使用与维护		4.2.5	77
22	万用表使用方法		3.2.3	61	32	喷墨打印机的使用与维护		4.2.5	77
23	热风枪焊台设置与使用方法		3.2.3	61	33	针式打印机的使用与维护		4.2.5	78
24	吸锡器使用方法		3.2.3	62	34	条码标签打印机的使用与维护		4.2.5	78
25	高级训练电路板焊接		3.3.3	63	35	线缆标签打印机的使用与维护		4.2.5	79
26	计算机硬件装配与调试		3.3.3	63	36	线号打印机的使用与维护		4.2.5	79
27	显示器清洁与维护方法		4.2.1	74	37	计算机装调与维修操作台安装		4.4.3	89
28	显示类故障的检测与维修		4.2.1	75	38	操作系统安装		5.3	108

微课视频二维码索引

（续）

序号	视频名称	二维码	章节	页码	序号	视频名称	二维码	章节	页码
39	驱动程序安装		5.4	112	46	网络故障检测与维修方法		7.2.5	144
40	应用软件安装与卸载		5.6.5	120	47	USB接口类故障检测与维修方法		7.3.5	146
41	系统备份与还原		6.1.3	123	48	扩展槽类故障检测与维修方法		7.4.3	146
42	网络设置与检测		6.4.1	135	49	CPU控制端故障检测与维修方法		7.5.4	148
43	网络跳线制作与测试		6.4.3	139	50	内存故障检测与维修方法		7.6.4	150
44	网络模块制作与测试		6.4.3	139	51	内接插座故障检测与维修方法		7.7.5	152
45	音频输出故障检测与维修方法		7.1.6	143	52	芯片组故障检测与维修方法		7.8.3	152

目 录

前言

微课视频二维码索引

单元 1　计算机系统概述

1.1　计算机的发展 1
　1.1.1　计算机的诞生 1
　1.1.2　电子计算机的发展 2
　中国计算机历史记忆一 4
1.2　计算机系统的组成及工作原理 5
　1.2.1　计算机系统的组成 5
　1.2.2　计算机硬件系统 5
　1.2.3　计算机软件系统 7
1.3　计算机的基本类型 7
　1.3.1　超级计算机 8
　1.3.2　大型计算机 8
　1.3.3　小型计算机 9
　1.3.4　微型计算机 9
　1.3.5　网络计算机 10
　1.3.6　嵌入式计算机 12

1.4　计算机行业的前景与人才需求 12
　1.4.1　计算机产业发展现状 12
　1.4.2　计算机行业的岗位需求 13
　1.4.3　《计算机及外部设备装配调试员》
　　　　国家职业技能标准 14
1.5　计算机装调与维修技能鉴定装置 15
　1.5.1　计算机装调与维修技能鉴定
　　　　装置特点 15
　1.5.2　计算机装调与维修技能鉴定
　　　　装置主要配置 16
1.6　技能训练 19
　1.6.1　互动练习 19
　1.6.2　习题 20
　1.6.3　技能训练任务和配套视频 ... 20

单元 2　计算机常用标准简介

2.1　标准的重要性和类别 22
　2.1.1　标准的重要性 22
　2.1.2　标准的分类 22
2.2　GB/T 26245—2010《计算机用鼠标
　　器通用规范》简介 22
　2.2.1　适用范围 22
　2.2.2　常用术语 23
　2.2.3　主要技术要求 23
2.3　GB/T 14081—2010《信息处理用
　　键盘通用规范》简介 24
　2.3.1　适用范围 24
　2.3.2　常用术语 25
　2.3.3　主要技术要求 25

2.4　GB/T 26246—2010《微型计算机
　　用机箱通用规范》简介 26
　2.4.1　适用范围 26
　2.4.2　主要技术要求 27
2.5　GB/T 9813.1—2016《计算机通用
　　规范　第 1 部分：台式微型计算机》
　　简介 28
　2.5.1　标准适用范围 28
　2.5.2　常用术语 29
　2.5.3　主要技术要求 30
2.6　GB/T 9813.2—2016《计算机通用
　　规范　第 2 部分：便携式微型计算机》
　　简介 31

2.6.1 标准适用范围 31	2.7 技能训练 35
2.6.2 术语和定义 32	2.7.1 互动练习 35
2.6.3 主要技术要求 32	2.7.2 习题 35
中国计算机历史记忆二 34	2.7.3 技能训练任务和配套视频 35

单元 3　计算机硬件系统

中国计算机历史记忆三 36	3.1.9 计算机电源 55
3.1 计算机主机硬件系统 37	3.1.10 机箱 56
3.1.1 CPU 及散热器 37	中国计算机历史记忆四 57
3.1.2 主板 40	3.2 计算机硬件安装工具 58
3.1.3 内存 46	3.2.1 计算机装维工具箱 58
3.1.4 硬盘 48	3.2.2 通用工具 59
3.1.5 显卡 51	3.2.3 计算机装维专用工具 60
3.1.6 声卡 52	3.3 技能训练 62
3.1.7 网卡 53	3.3.1 互动练习 62
3.1.8 光驱 54	3.3.2 习题 63
	3.3.3 技能训练任务和配套视频 63

单元 4　计算机外部设备

4.1 计算机外部输入 / 输出接口 64	4.3.3 COM 诊断治具 86
4.1.1 显示接口 65	4.3.4 USB 诊断治具 86
4.1.2 音频接口 71	4.4 计算机操作台 87
4.1.3 PS/2 接口 73	4.4.1 常见操作台类型 87
4.1.4 USB 接口 73	4.4.2 西元计算机装调与维修操作台 88
4.2 计算机外部设备 74	4.4.3 西元计算机装调与维修操作台
4.2.1 显示器 74	安装流程 88
4.2.2 鼠标 75	4.5 技能训练 91
4.2.3 键盘 75	4.5.1 互动练习 91
4.2.4 音箱 76	4.5.2 习题 91
4.2.5 打印机 77	4.5.3 显示类故障检测与维修技能训练
4.2.6 扫描仪 82	任务和配套视频 91
中国计算机历史记忆五 83	4.5.4 鼠标清洁与维护技能训练任务
4.3 计算机故障诊断治具 84	和配套视频 92
4.3.1 开关控制器治具 84	4.5.5 打印机使用与维护技能训练任务
4.3.2 音频诊断治具 85	和配套视频 92

单元 5　计算机软件系统

5.1 BIOS 93	5.1.2 BIOS 设置的意义 94
5.1.1 BIOS 的基本功能 94	5.1.3 CMOS 放电的用途和方法 94

5.1.4 BIOS 的分类和功能 95
5.2 硬盘分区与格式化 101
　5.2.1 分区表类型 101
　5.2.2 硬盘分区类型 102
　5.2.3 卷标和驱动器号 104
　5.2.4 分区的作用和方法 105
　5.2.5 硬盘的格式化 105
　5.2.6 常见分区格式的转换方法 ... 106
　5.2.7 ESP 分区和 MSR 分区 107
5.3 操作系统 108
　5.3.1 操作系统的作用 109
　5.3.2 操作系统的分类 109
　5.3.3 典型操作系统介绍 110
5.4 驱动程序 111
　5.4.1 驱动程序的作用 112
　5.4.2 驱动程序的安装 112
　5.4.3 驱动程序的安装原则 113

5.5 西元计算机故障自动测试软件的
　　使用方法和功能 116
　5.5.1 西元计算机故障自动测试软件
　　　　的起源 116
　5.5.2 西元计算机故障自动测试软件
　　　　的界面介绍 117
　5.5.3 西元计算机故障自动测试软件
　　　　的故障测试流程 118
　5.5.4 西元计算机故障自动测试软件
　　　　的主要功能 119
5.6 技能训练 120
　5.6.1 互动练习 120
　5.6.2 习题 120
　5.6.3 操作系统安装技能训练任务和
　　　　配套视频 120
　5.6.4 驱动程序安装技能训练任务和
　　　　配套视频 120
　5.6.5 应用软件安装与卸载技能训练
　　　　任务和配套视频 120

单元 6　计算机系统维护

6.1 备份与还原 121
　6.1.1 备份的概念 121
　6.1.2 备份的种类 122
　6.1.3 系统备份 123
　6.1.4 数据备份 124
6.2 系统维护技术 125
　6.2.1 控制面板 125
　6.2.2 快捷菜单 128
　6.2.3 任务管理器 129
　6.2.4 Windows 设置的介绍 129
6.3 常用工具软件 130
　6.3.1 工具软件的概念 130
　6.3.2 常用工具软件分类 131
　6.3.3 工具软件的获取途径 131
　6.3.4 常用工具软件举例 131

6.4 网络系统维护 135
　6.4.1 网络的概念 135
　6.4.2 网络通信设备 137
　6.4.3 网络跳线和模块 139
6.5 技能训练 139
　6.5.1 互动练习 139
　6.5.2 习题 139
　6.5.3 系统备份与还原技能训练任务
　　　　和配套视频 139
　6.5.4 网络设置与检测技能训练任务
　　　　和配套视频 140
　6.5.5 网络跳线制作与测试技能训练
　　　　任务和配套视频 140
　6.5.6 网络模块端接与测试技能训练
　　　　任务和配套视频 140

单元 7　常见计算机故障检测分析与技能训练

7.1 音频输出故障检测分析与技能训练 141
　7.1.1 耳机无声音故障 141

　7.1.2 播放提示错误故障 142
　7.1.3 噪声大故障 142

7.1.4 左右声道声音不同故障............. 142	7.5.2 系统崩溃蓝屏故障................... 147
7.1.5 音频输出故障检测分析方法....... 142	7.5.3 CPU 控制端故障检测分析方法... 148
7.1.6 音频输出故障检测与维修技能	7.5.4 CPU 控制端故障检测与维修
训练任务和配套视频................ 143	技能训练任务和配套视频......... 148

7.2 网络故障检测分析与技能训练........ 143
- 7.2.1 网络未连接故障....................... 143
- 7.2.2 未识别的网络故障................... 144
- 7.2.3 网络显示正常上网异常故障..... 144
- 7.2.4 网络故障检测分析方法........... 144
- 7.2.5 网络故障检测与维修技能训练
  任务和配套视频....................... 144

7.3 USB 接口类故障检测分析与技能训练.... 145
- 7.3.1 无法识别的设备故障............... 145
- 7.3.2 插入 USB 设备无响应故障..... 145
- 7.3.3 无法识别移动硬盘故障........... 145
- 7.3.4 USB 接口类故障检测分析方法... 145
- 7.3.5 USB 接口类故障检测与维修
  技能训练任务和配套视频......... 146

7.4 扩展槽类故障检测分析与技能训练.... 146
- 7.4.1 PCI-E 设备无法使用故障........ 146
- 7.4.2 扩展槽类故障检测分析方法... 146
- 7.4.3 扩展槽类故障检测与维修
  技能训练任务和配套视频......... 146

7.5 CPU 控制端故障检测分析与技能训练... 147
- 7.5.1 无法开机故障........................... 147

7.6 内存故障检测分析与技能训练........ 148
- 7.6.1 开机报警故障........................... 148
- 7.6.2 系统报错故障........................... 149
- 7.6.3 内存故障检测分析方法........... 150
- 7.6.4 内存故障检测与维修技能训练
  任务和配套视频....................... 150

7.7 内接插座故障检测分析与技能训练... 150
- 7.7.1 主板供电异常故障................... 150
- 7.7.2 CPU 散热风扇异常故障........... 151
- 7.7.3 掉电重启故障........................... 151
- 7.7.4 内接插座故障检测分析方法... 152
- 7.7.5 内接插座故障检测与维修
  技能训练任务和配套视频......... 152

7.8 芯片组故障检测分析与技能训练..... 152
- 7.8.1 无法开机故障........................... 152
- 7.8.2 芯片组故障检测分析方法....... 152
- 7.8.3 芯片组故障检测与维修技能
  训练任务和配套视频................ 152

7.9 技能训练... 153
- 7.9.1 互动练习................................... 153
- 7.9.2 习题... 153

参考文献

单元1
计算机系统概述

本单元概述计算机系统和发展历程，介绍计算机的组成结构及工作原理，以及目前的行业现状。

学习目标

★ 了解电子计算机的诞生和发展历程
★ 掌握计算机的组成结构和工作原理
★ 了解计算机的分类及应用
★ 了解计算机行业现状及人才需求和就业岗位
★ 通过完成技能训练任务掌握直插式电子元器件的焊接技能

五次信息革命 —— 情景案例1

在人类历史的发展进程中，信息活动经历了语言的产生、文字的创造、造纸和印刷术的发明、电报电话和电视的发明、计算机和互联网的诞生五个发展阶段。1946年第一台电子数字计算机诞生，第五次信息革命由此开始。1969年发明了互联网。1971年第一个微处理芯片成功发明。以计算机数据处理技术与新一代通信技术的有机结合为开端，人类迎来了数字计算和数字化新时代。请扫描"情景案例1"二维码，阅读更多内容。

1.1 计算机的发展

请教师在备课和上课前，扫描"如何教好"二维码，观看视频。

请学生在预习和上课前，扫描"如何学好"二维码，观看视频。

1.1.1 计算机的诞生

计算机（Computer）俗称电脑，是一种用于高速计算的电子计算机器，可以进行数值计算，也可以进行逻辑计算，还具有存储记忆功能，是能够按照程序运行，自动、高速处理海量数据的现代化智能电子设备。

1642年，法国科学家帕斯卡发明了著名的帕斯卡机械计算机，首次确立了计算机器的概念。不过，这个"第一台机械式计算机"只能进行简单的加减运算。1674年，德国数学家莱布尼茨改进了帕斯卡的计算机，使之成为一种可以进行加减乘除连续运算的机器，并提出了"二进制"数的概念。19世纪20年代，英国数学家巴贝奇制造出的差分机则会计算一些数学函数了。

电子计算机的发明者是谁？也有好几种答案。1936年英国数学家图灵首先提出了一种以程序和输入数据相互作用产生输出的计算机构想，后人将这种机器命名为"通用图灵机"。1938年出现了首台采用继电器进行工作的计算机"Z-1"，但继电器有机械结构，不完全是电子器件。1942年，阿坦那索夫和贝利发明了首台采用真空管的计算机，以他们俩名字的首字母命名为ABC。不过ABC只能求解线性方程组，不能做其他工作。在图灵的指导下，第一台可以编写程序执行不同任务的计算机COLOSSUS于1943年在英国诞生，用于密码破译。

公认的人类历史上第一台现代电子计算机是1946年在美国宾夕法尼亚大学诞生的ENIAC（Electronic Numerical And Calculator），中文全称为电子数字积分计算机，简称埃尼阿克，如图1-1所示。它使用了17 840支电子管，重达28t，体积非常庞大，占满好几个房间，其运算速度为每秒5000次的加法运算，造价约为487 000美元，它拥有今天计算机的主要结构和功能，是通用计算机。

最初ENIAC的程序设置需要靠人工移动开关、连接电线来完成，改动一次程序要花一周时间。

图1-1 ENIAC

为了提高效率，工程师们设想将程序与数据都放在存储器中。数学家冯·诺依曼将这个思想以数学语言系统阐述，提出了存储程序计算机模型，后人称之为"冯·诺依曼机"。

现在，人们普遍认同现代计算机理论最重要的奠基人是图灵与冯·诺依曼。前者建立了图灵机的理论模型，发展了可计算理论；后者确定了现代计算机的基本结构。不过，计算机的发展很难简单地归功于某一个人或某一台机器，历史上每一台迸发出创新火花的计算机都有资格称得上计算机历史上的第一，它是人类智慧的共同结晶。

1.1.2 电子计算机的发展

1. 电子管时代（1946—1958）

电子管技术的应用是第一代电子计算机的特征。电子管计算机在硬件方面，逻辑元件采用的是真空电子管，主存储器采用汞延迟线、阴极射线示波管静电存储器、磁鼓、磁心；外存储器采用的是磁带。软件方面，它采用的是机器语言、汇编语言。它的应用领域以军事和科学计算为主。电子管计算机只能通过机器指令、汇编语言进行编程。

2. 晶体管时代（1958—1964）

1947年晶体管诞生，1954年，贝尔实验室使用800只晶体管组装了世界上第一台晶体管计算机，取名TRADIC，中文简称催迪克，体积缩小到了3ft³（0.085m³），如图1-2所示。

1958年，IBM公司制成了第一台全部使用晶体管的计算机RCA501型，在软件操作系统、高级语言及其编译程序应用领域以科学计算和事务处理为主，并开始进入工业控制领域。特点是体积缩小、能耗降低、可靠性提高、运算速度提高，运算速度一般为每秒几十万次，最高可达每秒300万次，性能比第一代计算机有很大的提高。

图1-2 TRADIC

3. 集成电路时代（1964—1970）

20世纪50年代后期到60年代，集成电路的快速发展推动了第三代电子计算机的诞生。1964年，采用集成电路制造的第三代电子计算机开始出现，20世纪60年代末大量生产。

1964年4月7日，世界上第一个采用集成电路的通用计算机系列IBM360系统研制成功，它兼顾了科学计算和事务处理两方面的应用，如图1-3所示。

集成电路时代的计算机特点是速度更快，一般为每秒数百万次至数千万次，而且可靠性有了显著提高，价格进一步下降，产品走向了通用化、系列化和标准化等。

4. 大规模集成电路时代（1970年至今）

1971年世界上第一台微处理器在硅谷诞生，开创了微型计算机（Micro Computer）的新时代。

第4代电子计算机的发展主要是由微处理的

图1-3 IBM360

不断更新来推动的。1971年，Intel公司生产出第一代4位微处理器4004、4040芯片，如图1-4所示。1972年又推出了8位的8008微处理器芯片，如图1-5所示。

1978年，Intel公司设计了首个16位微处理器8086芯片，是现在广泛应用的x86架构的鼻祖，如图1-6所示。1985年推出微处理器80386，进入32位时代，如图1-7所示。

1993年，Intel公司推出了Pentium或称P5（中文名为"奔腾"）系列的微处理器，它具有64位的内部数据通道。奔腾的出现具有划时代的意义，其系列代号一直沿用至今。

图1-4 4004微处理器

图1-5 8008微处理器

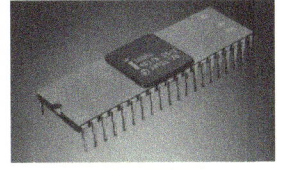

图1-6 8086微处理器

图1-7 80386微处理器

1975年4月,微型仪器与自动测量系统公司(MITS)推出了首台通用型Altair 8800,这是世界上第一台微型计算机,如图1-8所示。

1977年,苹果公司制作的Apple Ⅱ是第一种普及的微型计算机,也是计算机史上第一个带有彩色图形的微型计算机,如图1-9所示。

1981年,IBM推出IBM PC(Personal Computer,个人计算机),如图1-10所示,用于家庭、办公室和学校。计算机开始深入到人类生活的各个方面。

1983年,苹果公司推出Apple Lisa,这是世界上第一台商品化的图形用户界面的个人计算机,同时这款计算机也第一次配备了鼠标,如图1-11所示。

图1-8　Altair 8800

图1-9　Apple Ⅱ

图1-10　IBM PC

图1-11　Apple Lisa

20世纪90年代,计算机向"智能"方向发展,制造出与人脑相似的计算机,可以进行思维、学习、记忆、网络通信等工作。进入21世纪,计算机更是笔记本化、微型化和专业化,每秒运算速度超过100万次,不但操作简易、价格便宜,而且可以代替人们的部分脑力劳动,甚至在某些方面扩展了人的智能。于是,今天的微型电子计算机就被形象地称作电脑了。

中国计算机历史记忆一

"银河-1"亿次计算机

图1-12所示的陈列照片为国防科技大学计算机学院院史馆保存的一台完整的"银河-1"亿次计算机,CCF历史记忆认定委员会经过征集与审定,在2017年认定其为"CCF中国计算机一类历史记忆"。"银河-1"亿次计算机于1983年研制成功,生产安装3台,是我国第一台自主研制的亿次计算机系统,使我国成为继美、日之后世界上第三个能研制巨型机的国家。图1-13所示为"银河-1"亿次计算机运行工作照片。请扫描"**历史记忆1**"二维码,学习"中国计算机历史记忆"。

图1-12　"银河-1"亿次计算机陈列照片

图1-13　"银河-1"亿次计算机运行工作照片

1.2 计算机系统的组成及工作原理

1.2.1 计算机系统的组成

计算机系统结构（Computer Architecture）就是计算机的机器语言程序员或编译程序编写者所看到的外特性。所谓外特性，就是计算机的概念性结构和功能特性，主要研究计算机系统的基本工作原理，以及在硬件、软件界面划分的权衡策略，建立完整的、系统的计算机软硬件整体概念。计算机系统是由硬件系统和软件系统两大部分组成，如图1-14所示。

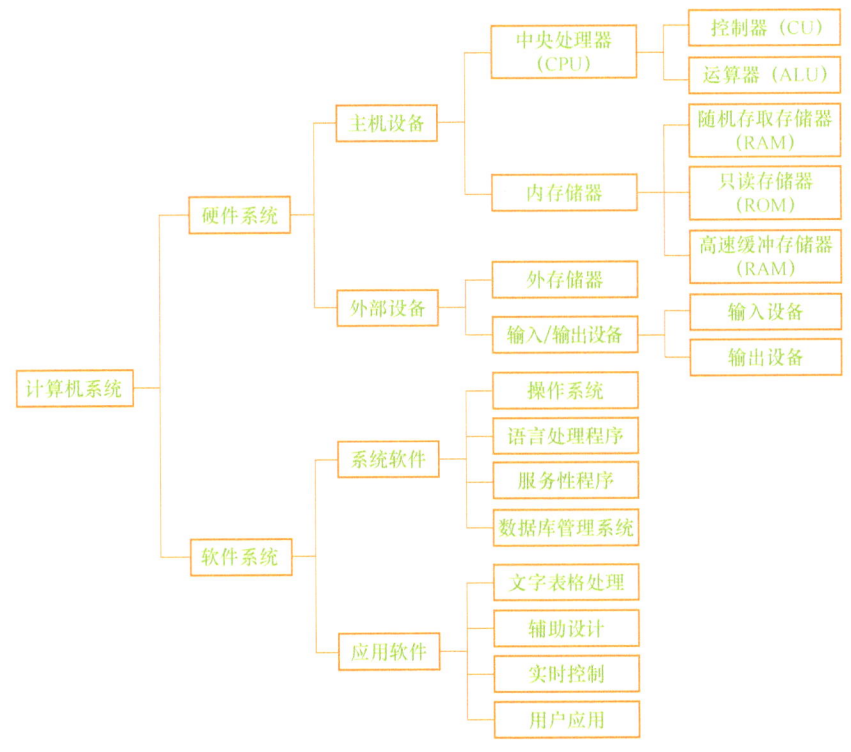

图1-14 计算机系统的基本组成

计算机硬件系统是构成计算机系统各功能部件的集合，是由电子、机械和光电元件组成的各种计算机部件和设备的总称，是计算机完成各项工作的物质基础。计算机硬件是看得见、摸得着的，实实在在的物理实体。

计算机软件系统是指与计算机系统操作有关的各种程序以及相关的文档和数据的集合，其中程序是用程序设计语言描述的适合计算机执行的语句指令序列。

1.2.2 计算机硬件系统

计算机硬件由五个基本部分组成：运算器、控制器、存储器、输入设备和输出设备。

计算机硬件的每一个部件都有相对独立的功能，分别完成不同的工作，如图1-15所示，在控制器的控制下协调统一地工作。首先，在控制器输入命令，把表示计算步骤的程序和需要的原始数据通过输入设备送入计算机的存储器存储。其次，当计算开始时，把程序指令逐条送入控制器，控制器对指令进行译码，并根据指令的操作要求向存储器和运算器发出存储、取数命令和运算命令，经过运算器计算并把结果存放在存储器内。最后，在控制器的取数和输出命令作用下，通过输出设备输出计算结果。

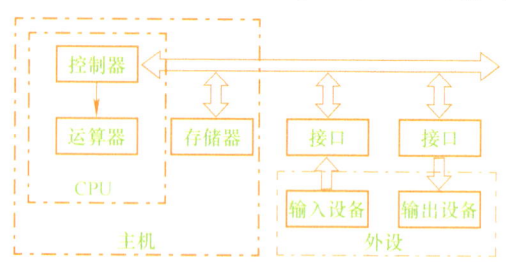

图1-15 计算机硬件系统工作原理

1. 控制器（CU）

控制器（Controller Unit，CU）是整个计算机的大脑和指挥中心，是协调指挥计算机各部件工作的元件。其功能是从内存中依次取出命令，产生控制信号，并向其他部件发出指令，指挥整个运算过程。

2. 运算器（ALU）

运算器又称算术逻辑单元（Arithmetic Logic Unit，ALU），是进行算术、逻辑运算的部件。运算器的主要功能是执行各种算术运算和逻辑运算，对数据进行加工处理。

控制器和运算器合称为中央处理单元（Central Processing Unit，CPU），它是计算机的核心部件，其性能指标主要是工作速度和计算精度，对机器的整体性能有全面的影响。

3. 存储器（Memory）

存储器是计算机记忆或暂存数据的部件，分为内存储器和外存储器。内存储器简称内存或主存，外存储器简称外存或辅存，如硬盘。

计算机中的全部信息，包括原始的输入数据、经过初步加工的中间数据以及最后处理完成的有用信息都存放在存储器中，同时指挥计算机运行各种程序，即规定对输入数据如何进行加工处理的一系列指令也都存放在存储器中。

程序和数据在计算机中以二进制的形式存放于存储器中。存储容量的大小以字节（Byte，B）为单位来度量。字节也是数据处理的基本单位，8个二进制位构成一个字节。一个字节的存储空间称为一个存储单元。

字节的常用单位有KB（千字节）、MB（兆字节）、GB（千兆字节，吉字节）和TB（万亿字节，太字节）。它们之间的关系是：$1KB=1024B=2^{10}B$，$1MB=1024KB=2^{20}B$，$1GB=1024MB=2^{30}B$，$1TB=1024GB=2^{40}B$，在某些计算中为了计算简便经常把2^{10}（1024）默认为1000。

位：是计算机存储数据的最小单位，单位为bit（比特）。机器字中一个单独的符号"0"或"1"被称为一个二进制位，它可存放一位二进制数。

字：在计算机处理数据时，一次存取、加工和传递的数据长度称为字（Word）。一个字通常由若干个字节组成。

字长：中央处理器可以同时处理的数据的长度为字长（Word Long），字长决定CPU的寄存器和总线的数据宽度。现代计算机的字长有8位、16位、32位、64位。

4. 输入设备

输入设备是重要的人机接口，用来接受用户输入的原始数据和程序，并将它们转换为计算机能识别的二进制数存入内存中。常用的输入设备有键盘、鼠标、扫描仪等。

5. 输出设备

输出设备是输出计算机处理结果的设备。常用的输出设备有显示器、音箱、打印机、绘图仪等。

1.2.3 计算机软件系统

国际标准化组织（ISO）将软件定义为：电子计算机程序及运用数据处理系统所必需的手续、规则和文件的总称。其中，程序由计算机最基本的指令组成，是计算机可以识别和执行的操作步骤；文档是指用自然语言或者形式化语言所编写的用来描述程序的内容、组成、功能规格、开发情况、测试结构和使用方法的文字资料和图表。程序是具有目的性和可执行性的，文档则是对程序的解释和说明。程序是软件的主体。

请扫描**"软件系统"** 二维码，学习更多系统和应用软件知识。

1. 系统软件（System Software）

系统软件一般是指控制和协调计算机及外部设备，支持应用软件开发和运行的系统，是无须用户干预的各种程序的集合，主要功能是调度、监控和维护计算机系统；负责管理计算机系统中各种独立的硬件，使得它们可以协调工作。系统软件使得计算机使用者和其他软件将计算机当作一个整体而不需要顾及底层每个硬件是如何工作的。系统软件包括如下类别：①操作系统；②语言处理程序；③服务性程序；④数据库管理系统。

2. 应用软件（Application Software）

按照应用软件使用领域的不同，一般可分为文字处理程序、表格处理软件、辅助设计软件、实时控制软件、用户应用程序几大类。

1.3 计算机的基本类型

本书按照计算机的一般性能和应用领域，将其分为超级计算机、大型计算机、小型计算机、微型计算机、网络计算机、嵌入式计算机等，并分别介绍如下。

1.3.1 超级计算机

超级计算机（Super Computer）是指能够执行一般个人计算机无法处理的大量资料与高速运算的计算机。其主要特点包含两个方面：极大的数据存储容量和极快速的数据处理速度。

超级计算机被称为"国之重器"，属于战略高技术领域，在天气预报、生命科学的基因分析、军事、航天等高科技领域有重要应用，如美国的ILLIAC-Ⅳ、日本的NEC、欧洲的尤金、我国的"银河"计算机等，都属于超级计算机。

超级计算机的运算速度平均每秒1000万次以上，存储容量在1000万位以上。2009年，国防科技大学发布峰值性能为每秒1.206千万亿次的"天河一号"超级计算机，我国成为美国之后第二个可独立研制千万亿次超级计算机的国家。2010年11月14日，国际TOP500组织在网站上公布了全球超级计算机前500强排行榜，"天河一号"排名全球第一。2013年峰值计算速度每秒5.49亿亿次的"天河二号"超级计算机正式投入运行，从2013年6月到2016年5月，"天河二号"超级计算机实现六连冠，打破超算领域世界纪录。2016年6月，新一期全球超级计算机500强榜单公布，使用我国自主芯片制造、峰值计算速度达每秒12.54亿亿次的"神威·太湖之光"取代"天河二号"登上榜首，我国超算上榜总数量也有史以来首次超过美国名列第一，如图1-16所示。

图1-16　我国的超级计算机"天河"和"神威"

2018年，我国新一代百亿亿次（E级）超级计算机"天河三号"E级原型机系统完成研制部署，进入开放应用阶段。超级计算机可以代表一个国家在信息数据领域的综合实力，甚至可以说影响到国家在世界科学技术上的地位。

1.3.2 大型计算机

大型计算机（Mainframe Computer）一般作为大型商业服务器使用，用于大型事务处理系统，特别是数据库应用系统方面，其应用软件通常是硬件本身成本的好几倍，目前大型机仍有一定地位。

大型计算机可以同时运行多个操作系统，一台主机可以替代多台普通的服务器，是虚拟化的先驱。同时还拥有强大的容错能力。

大型计算机更倾向于数值计算（科学计算），如订单数据、银行数据等，主要用于商业领域，同时在安全性、可靠性和稳定性方面优于超级计算机。

20世纪80年代以后，随着PC和各种服务器的高速发展，很多企业都放弃了原来的大型机改用小型机和服务器。90年代后期，大型机技术得以飞速发展，其处理能力也

单元1 计算机系统概述

大踏步提高。图1-17所示为2019年发布的新一代大型计算机IBM z15。

1.3.3 小型计算机

小型计算机是指采用精简指令集处理器，拥有大型计算机的大部分特征和能力的计算机，但在物理尺寸上较小，性能和价格介于PC服务器和大型主机之间的一种高性能计算机。

图1-17 IBM z15大型计算机

小型计算机主要用于经营业务和科学应用的小型或中型服务器。

在我国，小型计算机习惯上指UNIX服务器。1971年贝尔实验室发布多任务多用户操作系统UNIX，随后被一些商业公司采用，成为后来服务器的主流操作系统。该服务器类型主要用于金融证券和交通等对业务的单点运行具有高可靠性要求的行业应用。

UNIX服务器具有区别于x86服务器和大型计算机的特有体系结构，基本上各厂家的UNIX服务器使用的是自家的UNIX版本操作系统和专属的处理器，如图1-18和图1-19所示。

图1-18 IBM system P系列小型计算机　　图1-19 HP RX系列小型计算机

1.3.4 微型计算机

微型计算机简称"微型机""微机"，就是人们目前普遍使用的"电脑"，其特点是体积小、灵活性大、价格便宜、使用方便。自1981年IBM公司推出第一代微型计算机IBM-PC以来，微型机以其执行结果精确、处理速度快捷、性价比高、轻便小巧等特点迅速进入社会各个领域，且技术不断更新、产品快速换代，从单纯的计算工具发展成为能够处理数字、符号、文字、语言、图形、图像、音频、视频等多种信息的强大多媒体工具。

其中，应用最广泛的为个人计算机（PC）。个人计算机又可分为台式计算机、笔记本计算机、一体机、平板计算机、掌上计算机等。

1）台式计算机：简称为台式机，也叫桌面机，是应用非常广泛的微型计算机，体积相对较大，主机、显示器等设备一般都是相对独立的，需要放置在电脑桌或者专门的工作台上，因此命名为台式机。台式机的机箱空间大、通风条件好，具有很好的散热性；独立的机箱方便用户进行硬件升级；台式机机箱的开关键、重启键、USB接口、音频接口都在机箱前置面板中，方便用户使用，如图1-20所示。

2）笔记本计算机：也称为笔记本电脑，是一种可携带的小型个人计算机，通常重量仅为1～3kg。它比台式机具有更好的便携性。笔记本计算机除了键盘外，还提供了触控板（Touch Pad）或触控点（Pointing Stick），提供了更好的定位和输入功能，如图1-21所示。

3）一体机：一体机是由一台显示器、一个键盘和一个鼠标组成的计算机。它的芯片、主板与显示器集成在一起，显示器就是一台主机，因此只要将键盘和鼠标连接到显示器上就能使用。随着无线技术的发展，一体机的键盘、鼠标与显示器可实现无线连接，机器只有一根电源线，在很大程度上解决了一直为人诟病的台式机线缆多而杂的问题，如图1-22所示。

图1-20　台式计算机

图1-21　笔记本计算机

图1-22　一体机

4）平板计算机：也称为平板电脑（Tablet Personal Computer，Tablet PC、Flat PC、Tablet、Slates），是一种方便携带的小型个人计算机，以触摸屏作为基本的输入设备。触摸屏允许用户通过手指或触控笔来进行作业，而不需要键盘或鼠标。用户可以通过内置的手写识别、屏幕上的软键盘、语音识别实现输入，如图1-23所示。

5）掌上计算机：也称为掌上电脑、个人数字助手（Personal Digital Assistant，PDA）。顾名思义就是辅助个人工作的数字工具，主要提供记事、通讯录、名片交换及行程安排等功能。可以帮助人们在移动中工作、学习、娱乐等。按使用来分类，分为工业级PDA和消费品PDA。工业级PDA主要应用在工业领域，常见的有条码扫描器、RFID读写器、POS机等，如图1-24所示；消费品PDA包括的比较多，比如智能手机、手持游戏机等，如图1-25和图1-26所示。

图1-23　平板计算机

图1-24　POS机

图1-25　智能手机

图1-26　手持游戏机

1.3.5　网络计算机

网络计算机（Network Computer，NC），是指使用网络资源而不是本地资源执行大多数任务的计算机或终端。例如，一个网络计算机可能是一个无盘终端，它可以从网络应用服务器中下载应用程序并在网络文件服务器中存储数据。

1. 服务器

服务器专指某些高性能计算机，能通过网络对外提供服务。它在稳定性、安全性等方面都要求更高，它是为客户端计算机提供各种服务的高性能计算机，其高性能主要表现在高速度的运算能力、长时间的可靠运行、强大的外部数据吞吐能力等方面。服务器的构成与普通计算机类似，也有处理器、硬盘、内存、系统总线等，但因为它是针对具体的网络应用特别制定的，因而服务器比普通计算机在处理能力、可靠性、可扩展性、可管理性等方面有更好的稳定性和安全性。

按照应用领域，服务器主要有网络服务器（DNS、DHCP）、打印服务器、终端服务器、磁盘服务器、邮件服务器、文件服务器等。

按照外形结构的不同，服务器可分为塔式服务器、机架式服务器、刀片式服务器三种类型。

塔式服务器的外形及结构都与普通的PC差不多，只是体积稍大一些，并且具有良好的可扩展性，配置也很高，应用范围非常广泛，可以满足常见的应用需求，如图1-27所示。

机架式服务器是工业标准化产品，其外观按照统一标准来设计，配合机柜统一使用，以满足企业的服务器密集部署需求。机架服务器较节省空间，由于能够将多台服务器装到一个机柜上，不仅可以占用更小的空间，也便于统一管理，如图1-28所示。

刀片式服务器是指在标准高度的机架式机箱内可插装多个卡式的服务器单元，实现高可用和高密度的低成本服务器平台。专门为特殊应用行业和高密度计算机环境设计，其主要结构为一个大型主体机箱，内部可插上许多"刀片"，其中每一块"刀片"实际上就是一块系统主板，如图1-29所示。

图1-27　塔式服务器

图1-28　机架式服务器

图1-29　刀片式服务器

2. 工作站

工作站（Workstation）是一种以个人计算机和分布式网络计算为基础，主要面向专业应用领域，具备强大的数据运算与图形、图像处理能力，为满足工程设计、动画制作、科学研究、软件开发、金融管理、信息服务、模拟仿真等专业领域而设计开发的高性能计算机。它属于一种高档计算机，一般拥有较大的屏幕显示器和大容量的内存和硬盘，也拥有较强的信息处理功能和高性能的图形、图像处理功能以及联网功能。

除了对CPU有一定要求外，工作站还对显卡、显存、硬盘等配件都有专业的要求。其扩展性也非常强大。

工作站还有移动工作站，如图1-30所示。移动工作站是为了满足一部分设计工作者的简单图形设计和处理需求，比如只是用于渲染、3ds Max、CAD、三维设计、影音剪辑等，同时满足移动办公的便携性。目前的笔记本计算机已经可以满足这些工作需求，比如惠普ZBOOK15系列、ThinkPad P系列、戴尔Precision系列、海尔凌越DS等，都是移动工作站产品。

图1-30　台式工作站与移动工作站

1.3.6　嵌入式计算机

嵌入式系统是以应用为中心，以计算机技术为基础，适用于应用系统对功能、可靠性、成本、体积、功耗有严格要求的专用计算机系统。嵌入式技术，可简单理解为"专用"计算机技术，这个专用是指针对某个特定的应用，如针对网络、通信、音频、视频、工业控制等。它一般由嵌入式微处理器、外围硬件设备、嵌入式操作系统以及用户的应用程序四个部分组成。

嵌入式系统是计算机市场中增长最快的领域，也是种类繁多、形态多种多样的计算机系统，几乎包括了生活中的所有电器设备，如计算器、电视机顶盒、数字电视、多媒体播放器、汽车、微波炉、数码相机、家庭自动化系统、电梯、空调、安全系统、自动售货机、消费电子设备、工业自动化仪表与医疗仪器等，如图1-31和图1-32所示。

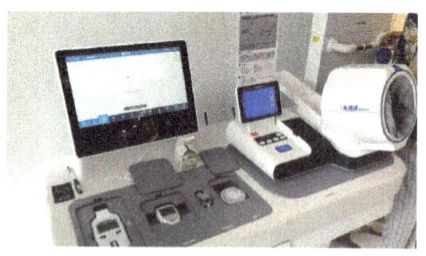

图1-31　嵌入式医疗专用设备　　　　图1-32　嵌入式工业控制主机

1.4　计算机行业的前景与人才需求

1.4.1　计算机产业发展现状

近几年我国计算机行业发展迅猛，特别是在软件领域。各行业对于信息的需求巨

单元 1　计算机系统概述

大，计算机行业在国民经济发展中日益显现出蓬勃生机。

1996年，联想计算机成为国内计算机市场巨头。2011年，中国超越美国成为全球最大的个人计算机市场。2018年，我国计算机产业实现主营业务收入1.95万亿元，同比增长8.7%；微型计算机产量3.1亿台，其中，笔记本计算机产量1.7亿台。

据中商产业研究院数据库显示，2021年全年，我国电子计算机产量达48 546.4万台，较2020年同比增长22%，2016—2021年全国电子计算机整机产量及增长情况如图1-33所示。

图1-33　2016—2021年全国电子计算机整机产量及增长情况

1.4.2　计算机行业的岗位需求

1. 职业发展方向

计算机行业现已发展成为一个多技术、多产业、多元化融合的行业，对于行业的从业人员来说，职业发展的方向也众多，常见职业发展方向包括：

（1）网络方向（网络工程师）

（2）运维方向（系统运维、开发运维、DevOps、云计算）

（3）数据库方向（DBA、数据库开发）

（4）开发方向（硬件研发、嵌入式开发、系统开发、游戏开发、算法工程师、Web开发、前端开发、移动开发、Android、iOS、全栈工程师、图像、声音等）

（5）数据方向（大数据开发、数据挖掘和分析、商务智能）

（6）测试方向（测试工程师、自动化测试、持续集成）

（7）项目产品方向（产品经理、PM经理、敏捷教练、DevOps）

（8）安全方向（安全工程师）

（9）新兴产业（物联网、区块链、AR/VR、人工智能、机器学习）

（10）技术管理和架构（架构师、技术Leader、技术经理、CTO）

（11）独立开发者、自由职业者

2. 计算机组装与维修行业相关岗位

针对计算机组装与维修行业，具体的就业岗位有：

计算机硬件设计研发岗位、计算机生产装配质检岗位、计算机销售服务岗位、计算机售后维修岗位、政企校及行业机房管理员、网络中心与信息中心管理员等。

根据《中华人民共和国职业分类大典（2015版）》，针对计算机组装与维修行业，具体相关职业包括：

（1）计算机硬件工程技术人员（职业代码2-02-10-02）

职业定义为：从事计算机整机、主板、外设等硬件技术研究、设计、调试、集成、维护和管理的工程技术人员。

（2）计算机维修工（职业代码4-12-02-01）

职业定义为：使用螺丝刀、万用表、电烙铁等工具、仪表，诊断故障，保养、维修计算机的服务人员。

（3）信息通信网络终端维修员（职业代码4-12-02-03）

职业定义为：从事信息通信网络终端设备安装、配置、检测和维修等工作的人员。

（4）计算机及外部设备安装调试员（职业代码6-25-03-00）

职业定义为：使用计算机及外部设备生产线、工艺装备、软硬件调试工具，装配调试计算机及打印机、显示器、磁盘阵列等外部设备的人员。

1.4.3 《计算机及外部设备装配调试员》国家职业技能标准

下面以《计算机及外部设备装配调试员》国家职业技能标准为例进行介绍。

该标准对计算机及外部设备装配调试从业人员的职业活动内容进行了规范、细致的描述，对各等级从业者的技能水平和理论知识水平进行了明确规定，其封面如图1-34所示。请扫描**"职业标准"**二维码或查阅原文，学习详细内容。

该标准主要内容包括如下内容：

（1）职业概况

（2）基础知识要求

（3）技能要求等内容

图1-34 《计算机及外部设备装配调试员》国家职业技能标准

单元 1　计算机系统概述

1.5　计算机装调与维修技能鉴定装置

计算机装调与维修技能鉴定装置根据教学实训特点和岗位技能需求而设计，充分应用最新计算机维修技术与方法，满足了计算机专业维修人员的培养需求。以该装置为主的配套实训室解决方案主要包括计算机硬件装配、软件安装、系统调试、网络配置、治具检测、故障测试、日常运维等。能快速设置10类故障，有专业故障测试软件和专门治具检测故障与定位，软件自动评判维修质量，配套专门的焊接训练板。通过实训课的训练提高学生的职业技能，增强学生的就业适应能力，针对性地解决了学校"计算机组装与维修"专业课程的教学实训痛点。图1-35和图1-36所示为计算机装调与维修技能鉴定装置。请扫描二维码查看高清彩色图片。

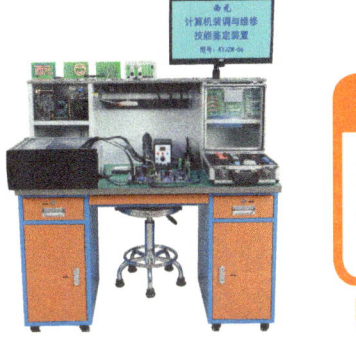

图1-35　计算机装调与维修技能鉴定装置（正面）

请扫描**"使用方法"**二维码观看视频：计算机装调与维修技能鉴定装置使用方法。

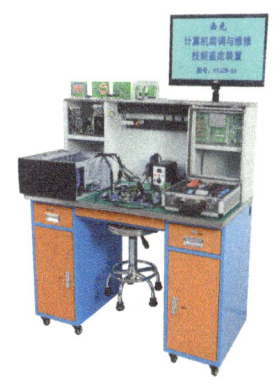

图1-36　计算机装调与维修技能鉴定装置（侧面）

1.5.1　计算机装调与维修技能鉴定装置特点

1. 产品质量稳定可靠

西元主板由行业资深专家设计，与国际知名品牌主板共线生产，选择更高可靠性的插槽等元器件，主板更适合反复拆装。

2. 组合式结构

采用全钢组合式结构，顶部设计有向上折边的不锈钢顶板和显示器固定装置；上

部两侧设计有双层货架，中间安装有金属理线环、PDU电源插座、信息插座和照明灯具；中部为不锈钢台面，配置防静电桌垫，预留多个穿线孔；下部两侧为柜体，上层设计为带锁抽屉，下层设计为主机柜。操作台充分展示了产品的性能与特点，漂亮美观又安全可靠。

3. 桌凳一体

该装置设计有组合式键盘抽屉，既能放置键盘，又能悬挂圆凳，实现桌凳一体化，底部安装有8个万向轮，方便移动，便于管理和教室清洁。

4. 快速重复设置多种故障

该装置配置了能够快速设置故障的专门计算机主板，通过插拔跳线帽快速设置故障，包括10类26种常见故障，以及数百种组合故障。

5. 软硬结合

该装置还配置了专门的计算机故障诊断治具和计算机故障自动测试软件，能够对计算机故障进行快速诊断和精确定位。例如，接受维修订单时，出具故障自动测试报告，维修后出具合格报告。

6. 理实一体

按照教学与技能实训需求，对标实际工作情况，结合行业经验，量身定制了专业设备；结合计算机系统原理和计算机组装与维修，专门设计了20个丰富的实训项目。

7. 设计合理

产品配套主板设计有故障设置区，集成故障诊断卡，各区域印有中文标识；开关电源端口和加长线束印有相应序号、接口类型和输出电压标识，便于学生学习计算机原理和进行实训操作。

8. 资料丰富

产品提供使用说明书和实操演示视频，每个实训项目都提供详细的操作流程，配备相关国家标准和职业技能标准，便于学生掌握技能，同时也便于教师教学。

1.5.2 计算机装调与维修技能鉴定装置主要配置

计算机装调与维修技能鉴定装置的主要配置见表1-1。

表1-1 计算机装调与维修技能鉴定装置的主要配置

序号	名称	技术规格与功能描述	数量	照片
1	计算机装调与维修操作台	全钢材质，表面彩色喷塑。外形尺寸：600mm×1200mm×1180mm	1套	

单元 1　计算机系统概述

（续）

序号	名称	技术规格与功能描述	数量	照片
2	快速设置故障的专门计算机主板	主流ATX计算机主板，外形尺寸：305mm×243mm	1块	
3	开关电源及加长线束	全模组ATX开关电源，额定功率为500W，加长线束长度为900mm	1套	
4	开关控制器治具	产品规格为63mm×13mm，配备1个开关控制器治具。设计有1个9针插座，2个微动开关，2个指示灯，用于诊断电源开关和工作状态，显示硬盘工作状态，具有开机和重启功能	1个	
5	音频诊断治具	产品规格为63mm×13mm，配备1个音频诊断治具，1组音频组线。音频诊断治具设计有1个9针插座，1个音频接头；音频组线用于诊断音频插座和音频接头类故障	1套	
6	COM诊断治具	产品规格为63mm×13mm，配备1个COM诊断治具。设计有1个9针插座，用于诊断COM串口插座故障	1个	
7	USB诊断治具	产品规格为63mm×20mm，配备有1个USB诊断治具，1个USB接口测试仪。USB诊断治具设计有1个9针插座，2个USB接口，USB接口测试仪用于插入USB接口，快速诊断USB 2.0和USB 3.0接口类故障	1套	
8	初级工电子焊接训练套件	电路板1块，直插元器件1套，吸塑盒包装，外形尺寸：158mm×105mm×19mm，型号为XY1-1	2盒	
9	中级工电子焊接训练套件	电路板1块，贴片元器件1套，吸塑盒包装，外形尺寸：158mm×105mm×19mm，型号为XY2-1	2盒	

（续）

序号	名称	技术规格与功能描述	数量	照片
10	高级工电子焊接训练套件	电路板1块，集成芯片等元器件1套，吸塑盒包装，外形尺寸：158mm×105mm×19mm，型号为XY3-1	2盒	
11	西元计算机故障自动测试软件	计算机故障自动测试软件，可测试13类33种故障，自动生成测试报告	1套	
12	中央处理器	英特尔酷睿8代以上处理器，兼容芯片组：×300，自带散热器	1块	
13	硬盘	容量1TB	1块	
14	内存	内存容量8GB，DDR4 2666	1根	
15	显卡	输出接口：VGA 1个，DVI 1个，HDMI 1个	1个	
16	网卡	PCI-E×1接口，网口RJ-45，10/100/1000Mbit/s自适应	1个	
17	声卡	PCI-E×1接口，支持5.1声道	1个	

（续）

序号	名称	技术规格与功能描述	数量	照片
18	光驱	SATA接口，读取速度18倍速	1个	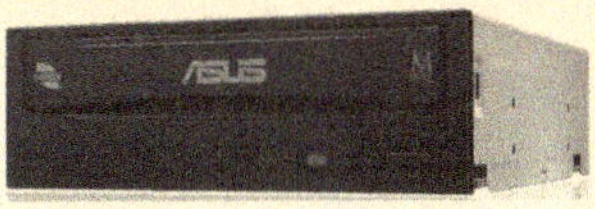
19	键鼠套件	PS/2键盘1个，USB鼠标1个	1套	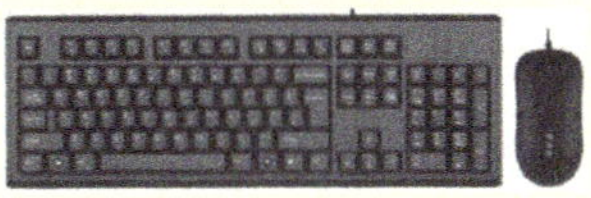
20	计算机耳机	3.5mm音频接口，线长＞1.8m	1个	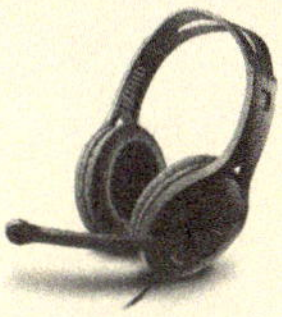
21	机箱	ATX机箱，光驱位1个，硬盘位1个，扩展槽位6个	1个	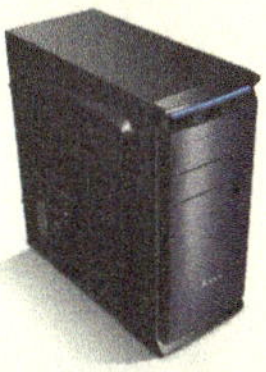
22	液晶显示器	21.5in，带壁挂安装孔4个	1个	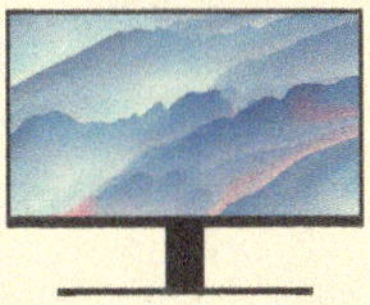
23	常用工具	包括热风枪焊台、万用表、U盘、防静电手环等	1套	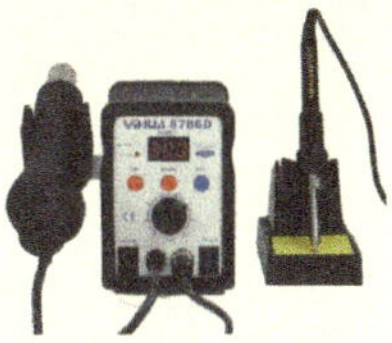

1.6 技能训练

1.6.1 互动练习

请扫描"**互动练习**"二维码下载，完成单元1互动练习任务2个。

1.6.2 习题

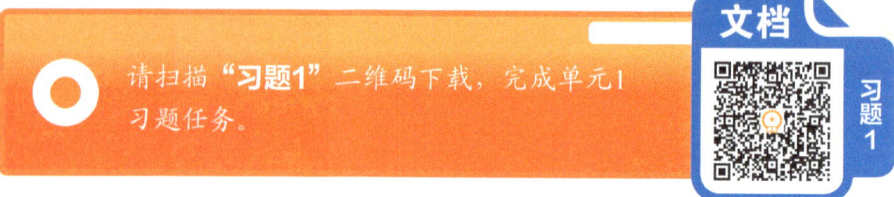

请扫描"**习题1**"二维码下载,完成单元1习题任务。

1.6.3 技能训练任务和配套视频

请扫描"**初级板焊接**"二维码,完成初级训练电路板焊接技能训练任务,单元1技能训练配套有下列视频:

1)初级训练电路板焊接,请扫描"**初级板**"二维码观看。
2)万用表使用方法,请扫描"**万用表**"二维码观看。
3)吸锡器使用方法,请扫描"**吸锡器**"二维码观看。

单元 2
计算机常用标准简介

标准助推创新发展，标准更是工程图样的语法，也是工程师、专业技术人员、技工和维修人员必须掌握的专业规范与基本知识，本单元重点学习和掌握在计算机装调与维修服务中常用的计算机国家标准。

学习目标

★ 熟悉GB/T 26245—2010《计算机用鼠标器通用规范》、GB/T 14081—2010《信息处理用键盘通用规范》、GB/T 26246—2010《微型计算机用机箱通用规范》等标准的主要内容

★ 熟悉GB/T 9813.1—2016《计算机通用规范 第1部分：台式微型计算机》、GB/T 9813.2—2016《计算机通用规范 第2部分：便携式微型计算机》

★ 通过完成技能训练任务掌握贴片式电子元器件的焊接技能

——《国家新一代人工智能标准 体系建设指南》

情景案例2

2020年8月，中国政府网公布关于印发《国家新一代人工智能体系建设指南》（以下简称《指南》）的通知。该通知指出，国家标准化管理委员会、中共中央网络安全和信息化委员会办公室、国家发展和改革委员会、科学技术部、工业和信息化部五个部门，为加强人工智能领域标准化顶层设计，推动人工智能产业技术研发和标准制定，促进产业健康可持续发展，特别印发该指南。

《指南》中提到，国家新一代人工智能标准体系建设目标为：到2021年，明确人工智能标准化顶层设计，研究标准体系建设和标准研制的总体规则，明确标准之间的关系，指导人工智能标准化工作的有序开展，完成关键通用技术、关键领域技术、伦理等20项以上重点标准的预研工作。

到2023年，初步建立人工智能标准体系，重点研制数据、算法、系统、服务等重点急需标准，并率先在制造、交通、金融、安防、家居、养老、环保、教育、医疗健康、司法等重点行业和领域进行推进。建设人工智能标准实验验证平台，提供公共服务能力。

《指南》中提出了具体的国家新一代人工智能标准体系建设思路、建设内容，并附上了人工智能标准研制方向明细表。

2.1 标准的重要性和类别

2.1.1 标准的重要性

GB/T 20000.1—2014《标准化工作指南　第1部分：标准化和相关活动的通用术语》国家标准中，对于标准的定义为"通过标准化活动，按照规定的程序经协商一致制定，为各种活动或其结果提供规则、指南或特性，供共同使用和重复使用的文件"。

标准助推创新发展，标准更是工程图样的语法，也是工程师、专业技术人员、技工和维修人员必须掌握的专业规范与基本知识。计算机已经成为人们工作和生活不可或缺的重要组成部分，其发展之快、种类之多、用途之广，是任何一门学科和发明所无法比拟的。在实际应用领域中，不论是计算机的生产者还是使用者都需要对其有足够的了解，而计算机相关标准是最基本的也是最重要的学习资源。

2.1.2 标准的分类

《中华人民共和国标准化法》将标准划分为国家标准、行业标准、地方标准、团体标准、企业标准共五类，本单元选择在实际工程中经常使用的国家标准进行介绍，相关行业标准、地方标准、团体标准和企业标准的内容请读者查询相关标准规定。

我国已经在计算机行业建立了比较完善的标准体系，在计算机装配、调试、质量检验、维修保养和包装运输中，经常需要使用国家标准。本单元重点介绍在工作中经常使用的相关标准内容，更多详细标准内容请查询标准具体规定。

- GB/T 26245—2010《计算机用鼠标器通用规范》
- GB/T 14081—2010《信息处理用键盘通用规范》
- GB/T 26246—2010《微型计算机用机箱通用规范》
- GB/T 9813.1—2016《计算机通用规范　第1部分：台式微型计算机》
- GB/T 9813.2—2016《计算机通用规范　第2部分：便携式微型计算机》

2.2 GB/T 26245—2010《计算机用鼠标器通用规范》简介

2.2.1 适用范围

本标准规定了鼠标器的要求、试验方法、检验规则、标志、包装、运输、贮存等，适用于计算机用鼠标器。标准共分为7个部分，第1~3部分为范围、规范性引用文件、术语和定义；第4~6部分为要求、试验方法、检验规则；第7部分为标志、包装、运输和贮存。图2-1所示为标准封面，图2-2所示为标准目次。

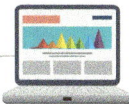

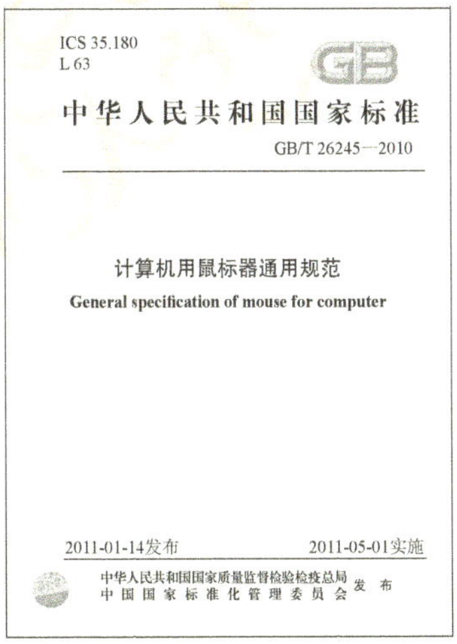
ICS 35.180
L 63

GB

中华人民共和国国家标准

GB/T 26245—2010

计算机用鼠标器通用规范

General specification of mouse for computer

2011-01-14发布　　2011-05-01实施

中华人民共和国国家质量监督检验检疫总局
中 国 国 家 标 准 化 管 理 委 员 会　发 布

图2-1　标准封面

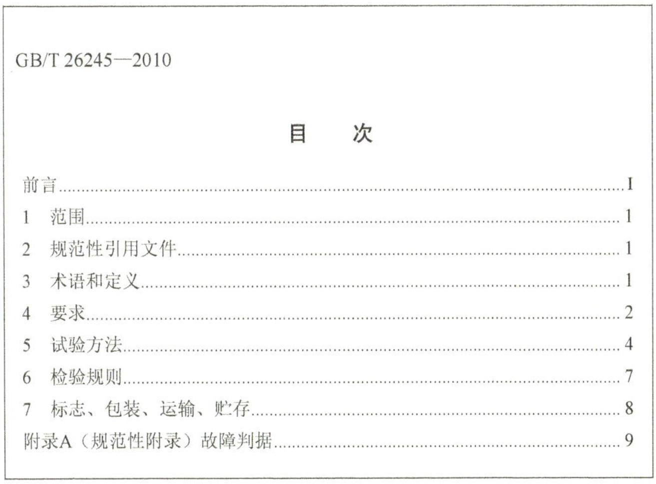
GB/T 26245—2010

目　次

图2-2　标准目次

2.2.2　常用术语

本标准的常用术语见表2-1。

表2-1　GB/T 26245—2010《计算机用鼠标器通用规范》常用术语

序号	名词术语	英文名	定义
1	鼠标器	mouse	将位移信号转换为电信号，通过计算机的处理，从而达到屏幕定位的输入设备，俗称“鼠标”
2	分辨率	resolution	鼠标器位移单位长度所产生的点数，即每25.4mm的长度内的点数，也就是每25.4mm长度内的点数
3	分辨率精度	accuracy	实际的分辨率与标称的分辨率之比
4	偏离度	orthogonality	一定长度内实际的位移坐标点和理想的位移坐标点之间的偏移量与鼠标器移动点数之比
5	移动寿命	moving life	鼠标器移动距离之和

2.2.3　主要技术要求

计算机鼠标器通用规范的主要技术要求包括外观和结构、连接、主要性能、电源适应能力、电磁兼容性、环境适应性和可靠性。

1. 外观和结构

1）产品表面不应有明显的凹痕、划伤、裂缝、变形和脏污等。表面涂镀层应均匀，不应起泡、龟裂、脱落和磨损。金属零部件不应有锈蚀及其他机械损伤。

2）产品的移动应灵活自如，按键应灵敏且回弹快，压力均匀。

3）说明功能的文字、符号和标志应内容正确、清晰、端正，应使用中文。

2. 连接

1）接口：产品接口为USB接口或PS/2接口，如图2-3所示，由产品标准规定。

2）连线：连线方式有2种，分为有线连接和无线连接。无线鼠标如图2-4所示。

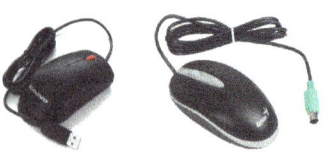

图2-3 USB接口鼠标和PS/2接口鼠标　　　　图2-4 无线鼠标

3. 主要性能

主要性能具体要求如下：

1）分辨率：分辨率由产品标准规定。

2）分辨率精度：分辨率精度应大于85%。

3）偏离度：偏离度应不大于10%。

4）按键寿命：左、右按键寿命应分别大于10万次。

5）移动寿命：移动距离应大于250km。

6）按键压力：左、右键按键压力应在0.3～1.1N之间。

7）跟踪速度：跟踪速度应不小于100mm/s。

4. 电源适应能力

能在直流电压标称值±10%的条件下正常工作。标称值由产品标准规定。

5. 环境适应性

环境适应性分为气候环境适应性和机械环境适应性。其中工作温度1级为10～35℃，2级为0～40℃，3级为-10～55℃。运输包装件跌落适应性符合包装件质量≤15kg时，1m高度跌落没有损坏。

6. 可靠性

平均故障间隔时间（MTBF）应不少于5000h。

GB/T 26245—2010《计算机用鼠标器通用规范》试验方法、检验规则以及标志、包装、运输、贮存等更多内容，请扫描"**鼠标规范**"二维码阅读学习。

2.3 GB/T 14081—2010《信息处理用键盘通用规范》简介

2.3.1 适用范围

本标准规定了信息处理用键盘的术语和定义、要求、试验方法、检验规则、标志、包装、运输、贮存等，适用于信息处理用键盘，其他电子设备用键盘可参照使用。

图2-5所示为标准封面，图2-6所示为标准目次。

图2-5 标准封面

图2-6 标准目次

2.3.2 常用术语

本标准的常用术语见表2-2。

表2-2 GB/T 14081—2010《信息处理用键盘通用规范》常用术语

序号	名词术语	英文名	定义
1	盘芯	core of keyboard	构成形式以控制电路为基本单元，分为以下两类： 第一类为带控制电路的盘芯，即在电路板上装有按键、控制电路、固定座板（或无固定座板）、连接器件； 第二类是不带控制电路的盘芯，即在电路板上装有按键、固定座板（或无固定座板）、连接器件
2	键盘	keyboard	在盘芯的基础上，装配上外壳、连接装置就成为键盘

2.3.3 主要技术要求

1. 外观和结构

1）键盘表面不应有明显的凹痕、划伤、裂缝、变形和脏污等。表面涂镀层应均匀，不应起泡、龟裂、脱落和磨损。金属零部件不应有锈蚀及其他机械损伤。

2）键盘的零部件应紧固无松动，按键开关应灵活、可靠。

3）键盘上的字符应色调鲜明、清晰。

4）键盘布局应符合相关标准的规定。

5）键盘上键帽的数量应在产品标准中规定。

6）键帽上的字符经受擦拭250次，字形应完整、无变色现象。

2. 连接

1）键盘接口为USB接口或PS/2接口，如图2-7所示。

2）键盘与主机的连线方式可采用有线连接或无线连接。无线键盘如图2-8所示。

图2-7　USB接口键盘和PS/2接口键盘

图2-8　无线键盘

3. 主要性能

信息处理用键盘通用规范的主要性能要求如下：

1）按键寿命不小于100万次。

2）按键压力为0.54N±0.14N。

3）键帽拉拔力应不小于12N。

4）接触电阻应不大于1kΩ。

5）按键的抖动时间应不大于15ms。

4. 环境适应性

环境适应性包括气候环境适应性和机械环境适应性，其中碰撞适应性符合表2-3的规定。

表2-3　键盘的碰撞适应性

峰值加速度	脉冲持续时间	碰撞次数	碰撞波形
100m/s^2	11ms	1000次	半正弦波

5. 可靠性

键盘的平均故障间隔时间（MTBF）应不少于10 000h。

GB/T 14081—2010《信息处理用键盘通用规范》试验方法和检验规则等更多内容，请扫描**"键盘规范"**二维码阅读学习。

2.4　GB/T 26246—2010《微型计算机用机箱通用规范》简介

2.4.1　适用范围

本标准规定了台式微型计算机用机箱的要求、试验方法、检验规则以及标志、包装、运输和贮存等，适用于台式微型计算机用机箱（俗称电脑机箱）的设计、制造和销售。图2-9所示为标准封面，图2-10所示为标准目次，图2-11为计算机机箱。

单元 2　计算机常用标准简介

图2-9　标准封面　　　　图2-10　标准目次

图2-11　计算机机箱

2.4.2　主要技术要求

1. 材料

1）产品使用的材料及包装、缓冲材料应优先使用符合环保要求的材料。

2）金属材料表面涂层应符合以下要求：

① 硬度不低于2H。

② 经附着力测试后，95%的测试小方格涂层应无脱落。

3）镀层在盐雾试验4h后，腐蚀面积不能超过零部件表面总面积的10%。

2. 外观

1）产品表面不应有明显的裂纹、变形、划痕、褪色、脏污以及缺胶等现象。

2）涂镀层厚度应均匀，不应起泡、龟裂、脱落和磨损。

3）金属部件不应有锈蚀及其他严重的机械损伤。

4）产品上的文字、符号、标志应正确、清晰、端正，并符合有关标准规定。

5）外观表面同一色号的部件应无明显色差。

3. 结构

1）产品应确定走线的方式、安装位置和空间，不应对其他部件的安装造成影响；保证移动、安装、搬运方便，安全可靠。

2）产品部件应齐全、连接可靠，开关、按钮和其他控制部件的操作应灵活可靠。

3）产品可活动的部件装配后，其间隙应均匀一致，开启方便。

4）产品外表面不应有锐利伤人之毛刺。

5）开关按键和键杆结合应牢固，当按键承受15N反向拉力1min时，不应松动或脱落。

4. 噪声

产品加装一个风扇的噪声声压应不高于45dB（A）；加装2个或2个以上风扇的产品，其噪声要求由产品标准规定。

5. 电性能

电性能具体要求如下：

1）USB接口：USB接口连接设备，设备应能正常工作。

2）音频接口：音频接口连接设备，设备应能正常发声。

3）指示灯：指示灯通电后应指示明显。一般情况下，电源指示灯常亮，硬盘指示灯闪烁。

4）开关：开关的接通电阻应不大于20Ω，断开电阻不小于5MΩ。

6. 寿命

1）开关的使用寿命应大于10 000次。

2）若产品备有转轴活动挡板，则使用寿命应大于5000次。

3）若产品备有功能性接口，则使用寿命应大于2000次。

GB/T 26246—2010《微型计算机用机箱通用规范》试验方法和检验规则等更多内容，请扫描"机箱规范"二维码阅读学习。

2.5 GB/T 9813.1—2016《计算机通用规范 第1部分：台式微型计算机》简介

2.5.1 标准适用范围

本标准规定了台式微型计算机的技术要求，适用于台式微型计算机的设计和制造。标准共分为7个部分，第1～3部分为范围、规范性引用文件、术语和定义；第4～6部分为技术要求、试验方法、质量评定程序；第7部分为标志、包装、运输和贮存。图2-12所示为该标准的封面，图2-13所示为标准的前言。

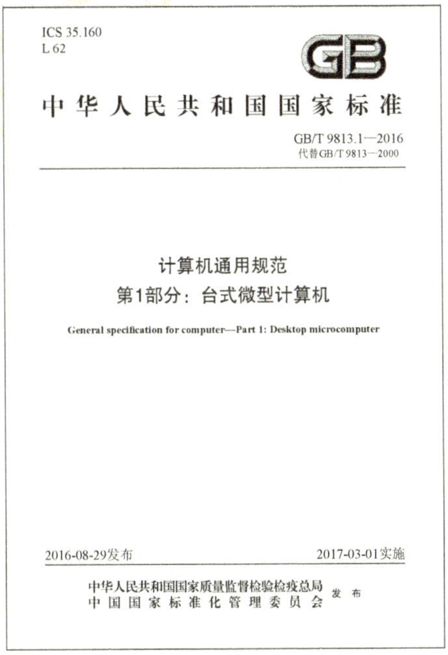
ICS 35.160
L 62

GB

中华人民共和国国家标准

GB/T 9813.1—2016
代替GB/T 9813—2000

计算机通用规范
第1部分：台式微型计算机

General specification for computer—Part 1: Desktop microcomputer

2016-08-29发布　2017-03-01实施

中华人民共和国国家质量监督检验检疫总局
中国国家标准化管理委员会　发布

图2-12　标准封面

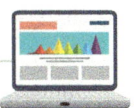

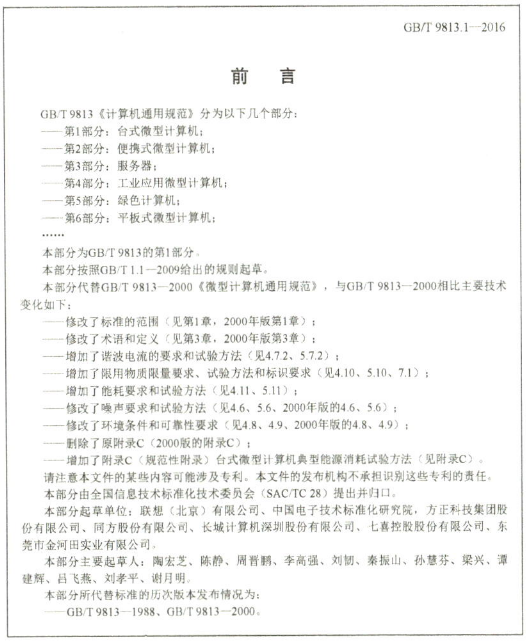
GB/T 9813.1—2016

前　言

GB/T 9813《计算机通用规范》分为以下几个部分：
——第1部分：台式微型计算机；
——第2部分：便携式微型计算机；
——第3部分：服务器；
——第4部分：工业应用微型计算机；
——第5部分：绿色计算机；
——第6部分：平板式微型计算机；
……

本部分为GB/T 9813的第1部分。
本部分按照GB/T 1.1—2009给出的规则起草。
本部分代替GB/T 9813—2000《微型计算机通用规范》，与GB/T 9813—2000相比主要技术变化如下：
——修改了标准的范围（见第1章，2000年版第1章）；
——修改了术语和定义（见第3章，2000年版第3章）；
——增加了谐波电流的要求和试验方法（见4.7.2、5.7.2）；
——增加了限用物质限量要求、试验方法和标识要求（见4.10、5.10、7.1）；
——增加了能耗要求和试验方法（见4.11、5.11）；
——修改了噪声要求和试验方法（见4.6、5.6、2000年版的4.6、5.6）；
——修改了环境条件和可靠性要求（见4.8、4.9、2000年版的4.8、4.9）；
——删除了原附录C（2000版的附录C）；
——增加了附录C（规范性附录）台式微型计算机典型能源消耗试验方法（见附录C）。
请注意本文件的某些内容可能涉及专利。本文件的发布机构不承担识别这些专利的责任。
本部分由全国信息技术标准化技术委员会（SAC/TC 28）提出并归口。
本部分起草单位：联想（北京）有限公司、中国电子技术标准化研究院、方正科技集团股份有限公司、同方股份有限公司、长城计算机深圳股份有限公司、七喜控股股份有限公司、东莞市金河田实业有限公司。
本部分主要起草人：陶宏芝、陈静、周晋鹏、李高强、刘韧、秦振山、孙慧芬、梁兴、谭建辉、吕飞燕、刘孝平、谢月明。
本部分所代替标准的历次版本发布情况为：
——GB/T 9813—1988、GB/T 9813—2000。

图2-13　标准前言

2.5.2　常用术语

本标准的常用术语见表2-4。

表2-4　GB/T 9813.1—2016《计算机通用规范 第1部分：台式微型计算机》常用术语

序号	名词术语	英文名	定义
1	台式微型计算机	desktop microcomputer	专门为办公或家庭固定台面使用的微型计算机
2	存储容量	storage capacity	计算机存储设备存储数据大小的能力
3	关闭状态	off mode	产品连接到电网电源上，且产品的状态为系统关闭状态
4	睡眠状态	sleep mode	产品在不关闭情况下能耗较低的状态。该状态可由用户选择进入，也可由产品不工作一段时间后自动进入
5	空闲状态	idle mode	产品操作系统已加载完毕、用户配置文件已创建、只提供系统默认的基本应用的状态，而且系统处于非睡眠状态下
6	典型能源消耗	typical energy consumption（TEC）	产品按照本部分所规定试验和计算方法得出的年能源消耗量（单位为kW·h）

注：台式微型计算机定义主要用于区分专门为适合移动计算使用的便携式微型计算机、专门为适合机房使用的服务器以及专门为适合工业控制使用的工业应用计算机等与台式微型计算机有显著区别特征的其他微型计算机，如图2-14所示。

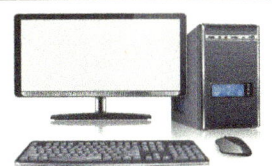

图2-14　台式微型计算机

2.5.3 主要技术要求

1. 设计

设计要求主要包括硬件要求和软件要求。

1）硬件要求。设计产品时，应进行可靠性、维修性、易用性、软件兼容性、安全性和电磁兼容性设计。如果设计系列化产品，应遵循系列化、标准化、模块化和向上兼容的原则，并应符合有关国家标准。硬件系统应留有适当的逻辑余地，应具有一定的自检功能。

2）软件要求。产品配置的软件应与说明书中的描述相一致，并应符合国家的有关规定。

产品配置的软件应与系统的硬件资源相适应，除系统软件、部分驱动软件或增配的应用软件外，还应配有相应的检查程序。对同一系统产品的软件应遵循系列化、标准化、模块化、中文化和向上兼容的原则。

2. 外观和结构

1）产品表面不应有明显的凹痕、划伤、裂缝、变形和污迹等。表面涂层均匀，不应起泡、龟裂、脱落和磨损，金属零部件无锈蚀及其他机械损伤。

2）产品表面说明功能的文字、符号、标志应清晰、端正、牢固。

3）产品的零部件应紧固无松动，可插拔部件应可靠连接，开关、按钮和其他控制部件应灵活可靠，布局应方便使用。

3. 功能和性能

产品功能和存储器容量、主频等性能及参数，应在产品标准或随机资料中规定，包括中央处理器频率、总线速度、存储器、输入输出控制器、外围设备控制器等。

4. 电源适应能力

1）交流供电的产品，应能在220V±22V、50Hz±1Hz条件下正常工作。

2）直流供电的产品，应能在直流电压标称值的（100±5）%的条件下正常工作。直流电压标称值应在产品标准中规定。对电源有特殊要求的单元应在产品标准中加以说明。

5. 可靠性

平均失效间隔工作时间（MTBF）衡量产品的可靠性水平，产品的MTBF值不得低于10 000h。

6. 能耗

产品能效等级分为3级，其中1级能效最高。产品能效各等级的典型能源消耗应不大于表2-5的规定。产品能效标识如图2-15所示。

图2-15 产品能效标识

表2-5 台式微型计算机的产品能效等级

产品类型	典型能源消耗		
	1级	2级	3级
A类	98.0+∑Efa	148.0+∑Efa	198.0+∑Efa
B类	125.0+∑Efa	175.0+∑Efa	225.0+∑Efa
C类	159.0+∑Efa	209.0+∑Efa	259.0+∑Efa
D类	184.0+∑Efa	234.0+∑Efa	284.0+∑Efa

GB 9813.1—2016《计算机通用规范 第1部分：台式微型计算机》规定的试验方法、质量评定程序，以及标志、包装、运输和贮存等更多知识内容，请扫描**"台式计算机规范"**二维码学习。

2.6 GB/T 9813.2—2016《计算机通用规范 第2部分：便携式微型计算机》简介

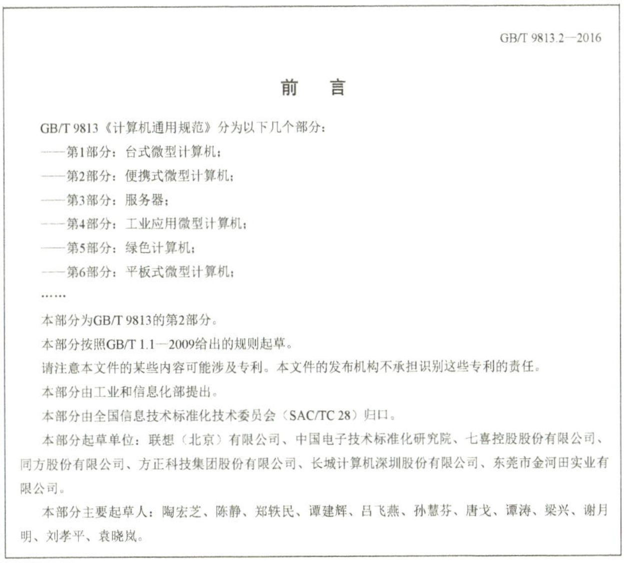

2.6.1 标准适用范围

本标准规定了便携式微型计算机的技术要求、试验方法、质量评定程序及标志、包装、运输和贮存等，适用于便携式微型计算机的设计和制造。图2-16所示为标准封面，图2-17所示为标准前言。

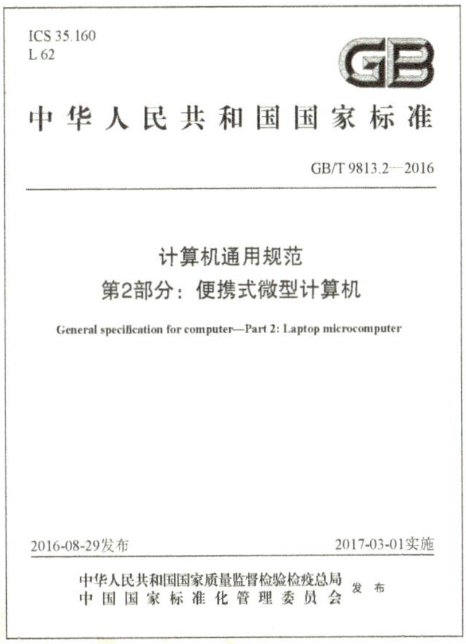

图2-16 标准封面

图2-17 标准前言

2.6.2 术语和定义

标准的常用术语见表2-6。

表2-6 GB/T 9813.2—2016《计算机通用规范 第2部分：便携式微型计算机》常用术语

序号	名词术语	英文名	定义
1	便携式微型计算机	laptop microcomputer	以便携性为特点，内置了输入输出设备（如显示器、键盘等），配备电池模块的微型计算机
2	存储容量	storage capacity	计算机存储设备存储数据大小的能力
3	关闭状态	off mode	产品连接到电网电源上，且产品的状态为系统关闭状态
4	睡眠状态	sleep mode	产品在不关闭情况下能耗较低的状态。该状态可由用户选择进入，也可由产品不工作一段时间后自动进入
5	空闲状态	idle mode	产品操作系统已加载完毕、用户配置文件已创建，只提供系统默认的基本应用的状态，而且系统处于非睡眠状态下
6	典型能源消耗	typical energy consumption	产品按照本部分所规定试验和计算方法得出的年能源消耗量，单位为kW·h

便携式微型计算机如图2-18所示。

2.6.3 主要技术要求

技术要求包括设计（软件和硬件）、功能和性能、电源适应能力和可靠性，具体内容参考标准规定的相关内容。

图2-18 便捷式微型计算机

1. 外观和结构

1）产品表面不应有明显的凹痕、划伤、裂缝、变形和污迹等。表面涂层均匀，不应起泡、龟裂、脱落和磨损，金属零部件无锈蚀及其他机械损伤。

2）表面说明功能的文字、符号、标志应清晰、端正、牢固，并符合相应标准。

3）产品的零部件紧固无松动，安装可抽换部件的接插件应能可靠连接，键盘、开关、按钮和其他控制部件的控制应灵活可靠，布局应方便使用。

4）机械式键盘的各个按键应平整一致，压力离散性应不大于0.3N。每个按键在规定的负荷条件下，通断寿命应大于100万次。按键压力及行程应符合表2-7的规定。

表2-7 便携式微型计算机的按键压力和行程

按键压力/N	按键行程/mm
0.3～0.8	0.3～3.0

5）所有外部接口的使用寿命应能承受至少1500次的设备插拔,而不应出现机械以及电气结构的损坏。

6）显示屏的开合机械寿命应能承受至少15 000次的显示屏开合,显示屏机构转轴的扭力应保持初始状态下扭力的75%以上。

2. 噪声

1）产品运行在空闲状态下,产品的噪声以A计权声压级度量应小于或等于38dBA。

2）产品运行在任意其他状态下,产品的噪声以A计权声压级度量应小于或等于45dBA。

3. 散热

在环境温度35℃,产品处于工作状态时,与用户接触的外表面温度不应超过环境温度25℃;其中与用户经常直接接触的区域(掌托、触控板、键盘)的表面温度不应超过环境温度15℃;产品出风口温度不应超过环境温度30℃。

4. 电池

(1) 电池保护

包括过充电保护、过放电保护、过电流保护、短路保护、过温保护,在过充电、过放电、过电流、短路和过温状态下,电池不应出现爆炸、起火、冒烟或者漏液等状况。短路保护瞬时充电后,电池电压应不小于标称电压。

(2) 电池循环寿命

产品电池的充放电循环次数应不小于300次。循环次数指当连续3次放电容量低于其标称容量的75%时记录的充放电次数。

(3) 电池的容量

产品厂商应在产品上明确标识当前产品所配电池的容量,如图2-19所示。

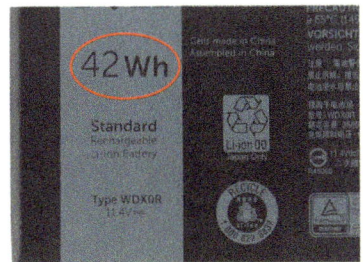

图2-19 便携式微型计算机的电池容量标识

5. 无线网络

对于配备无线网络的产品,需提供给用户打开或者关闭无线网络设备的方式,可以是硬件方式实现,也可以是软件方式实现。

6. 显示部件

采用液晶显示屏的产品,其失效点标准(每种类型最大失效点数/百万像素)应符合表2-8的规定。

表2-8 便携式微型计算机的液晶屏失效点标准

亮点 （全黑画面时）	单点	红+绿+蓝≤4个
	两点连续（指水平或者垂直两个方向）	≤2对
	三点及三点以上连续	0
	非连续之两处亮点间距	≥15mm
	亮点总数	≤4个
暗点 （全白画面时）	单点	红+绿+蓝≤5个
	两点连续（指水平或者垂直两个方向）	≤2对
	三点及三点以上连续	0
	非连续之两处暗点间距	≥5mm
	暗点总数	≤5个
失效点总数	亮点与暗点之间无间距要求	≤6个

注：1. 每个像素点包括红色（R）、绿色（G）、蓝色（B）三个单点。
　　2. 在黑色画面下，每个常亮的单点（常亮面积超过该单点的50%）都称为一个亮点；在白色画面下，每个不发光的单点（常暗面积超过该单点的50%）都称为一个暗点。亮点和暗点统称为失效点。
　　3. 非连续之两个失效点间距，取两个失效点的水平间距和垂直间距中的最大值。

　　GB/T 9813.2—2016《计算机通用规范 第2部分：便携式微型计算机》试验方法和质量评定程序等规定，请扫描**"便携计算机规范"**二维码，学习更多知识。

中国计算机历史记忆二

　　CCF历史记忆认定委员会经过征集与审定，在2021CCF颁奖典礼认定长城0520C-H台式计算机、中华牌CEC-I型学习机为第五批"CCF中国计算机历史记忆"，如图2-20和图2-21所示。请扫描**"历史记忆2"**二维码，观看并学习。

图2-20　长城0520C-H台式计算机

图2-21　中华牌CEC-I型学习机

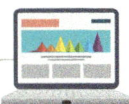

2.7　技能训练

2.7.1　互动练习

请扫描 **“互动练习”** 二维码下载，完成单元2互动练习任务2个。

文档 互动练习

2.7.2　习题

请扫描 **“习题2”** 二维码下载，完成单元2习题任务。

文档 习题2

2.7.3　技能训练任务和配套视频

请扫描 **“中级板焊接”** 二维码，完成中级训练电路板焊接技能训练任务，配套有下列视频：

1）中级训练电路板焊接，请扫描 **“中级板”** 二维码观看。

2）万用表使用方法，请扫描 **“万用表”** 二维码观看。

3）热风枪焊台设置与使用方法，请扫描 **“焊台”** 二维码观看。

文档 中级板焊接

视频 中级板

视频 万用表

视频 焊台

单元 3
计算机硬件系统

计算机硬件系统是计算机完成各项工作的物质基础,可用于存储程序和处理数据。在实际使用中,不仅要了解硬件的组成原理,还要熟悉计算机内各硬件部件的类型和功能。本单元将讲述计算机主机中的各硬件部件,详细介绍各部件的功能及重要参数。

学习目标

★ 熟悉计算机主机各硬件部件的功能及参数
★ 熟悉计算机硬件安装工具的分类和使用方法
★ 通过完成技能训练任务掌握计算机硬件选型原则和方法
★ 通过完成技能训练任务掌握计算机组装的操作流程和方法
★ 通过完成技能训练任务掌握集成电路芯片的焊接技能

国产硬盘的崛起 —— 情景案例3

长江存储成立于2016年,2019年量产32层3D NADD芯片。2021年长江存储获得128层QLC存储颗粒突破后,国科微宣布将大批量采购长江存储的64层闪存颗粒进行SSD生产,采购金额实现破亿元,这意味着国内首款真正实现全国产化的固态硬盘实现了批量出货。请扫描"情景案例3"二维码了解更多国产硬盘崛起的故事。

中国计算机历史记忆三
新中国的第一部国产电子计算机

1958年8月1日,中国人制造的第一架通用数字电子计算机诞生。几十年来,我国的计算机从无到有,从跟随到走在世界最前沿。2010年以来,我国的"天河"系列及"神威·太湖之光"超级计算机多次问鼎世界超算500强。在2019年6月17日公布的一期全球超算500强榜单中,我国已拥有219台超级计算机,继续蝉联全球拥有超算数量最多的国家。请扫描"历史记忆3"二维码,了解第一部国产电子计算机诞生的故事。

单元 3　计算机硬件系统

3.1　计算机主机硬件系统

在单元1中已介绍了计算机硬件系统的组成及工作原理，本节将对计算机中的常用硬件部件分别进行详细介绍。

3.1.1　CPU及散热器

1. CPU

请扫描"**CPU**"二维码，观看配套技能训练指导视频：CPU检查与安装方法。

CPU（Central Processing Unit）全称为中央处理器，是一台计算机的运算核心和控制核心。其主要功能是解释计算机指令以及处理计算机软件中的数据。

CPU由运算器、控制器、寄存器及实现它们之间联系的数据、控制及状态的总线构成。作为计算机的核心，CPU也是整个系统最高的执行单元，因此CPU已成为决定计算机性能的核心部件。CPU的物理结构由晶圆与PCB加上其他电容等单元构成。

按照不同角度对CPU进行分类如下：

1）根据应用场景分类，CPU可分为桌面端、移动端和服务器端等。
2）根据厂商分类，主要分为Intel（英特尔）公司和AMD（超威半导体）公司。
3）根据封装分类，目前主流的封装形式有LGA封装和PGA封装。
4）根据接口分类，在同一类封装方式下，又可再分为多种不同类型的CPU接口（插槽），包括Intel CPU接口、AMD CPU接口等。

请扫描"**CPU分类**"二维码，观看高清彩色照片，学习更多相关CPU分类知识。

2. 查看CPU参数

用户可以通过产品手册或产品包装查看到CPU的型号以及各种参数，也可以根据实际情况，通过CPU自身所印刷的信息快速了解产品的各项参数，图3-1为国产龙芯3号CPU产品标识，图3-2为Intel CPU产品标识，图3-3为AMD CPU产品标识。

图3-1　龙芯3号CPU产品标识　　　图3-2　Intel CPU产品标识　　　图3-3　AMD CPU产品标识

请扫描"CPU参数"二维码，学习和了解更多CPU参数信息等专业知识。

3. CPU性能参数

CPU除了标识上显示的信息外，还有一些重要参数需要注意，包括CPU主频、CPU工艺、TDP（散热设计功耗）、核心数、线程数、缓存等。

查询CPU主要性能参数，可通过CPU的表面观察，也可通过检测软件进行测试，常用检测软件为CPU-Z，该软件用于检测CPU重要参数及详细信息，CPU-Z软件的主界面如图3-4所示，界面上可以查看到CPU的名字、TDP、工艺、缓存等重要参数。

请扫描"CPU参数"二维码，学习和了解更多CPU性能参数等专业知识。

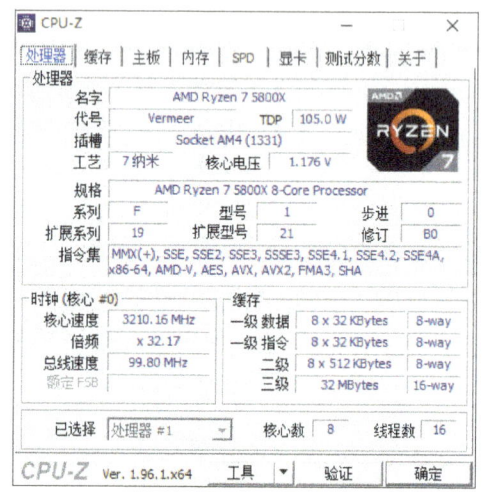

图3-4　CPU-Z软件主界面

4. CPU散热器

在计算机正常运行过程中，CPU的表面温度可以达到60～80℃，但其内部温度高达上百摄氏度，若不及时将CPU产生的热量发散出去，轻则造成死机、蓝屏错误、数据丢失等问题，重则直接烧毁CPU。所以，合适的散热器对计算机而言是一个必不可少的保护措施。

目前市面上的CPU散热器主要分为风冷散热器、水冷散热器和热管散热器等。

（1）风冷散热器

风冷散热器使用最广泛，能满足计算机日常办公和入门级玩家的需求，一般盒装CPU均自带该类散热器。

主要性能参数如下：

1）风扇转速：风扇转速越高，风力越强，散热效果越好。

2）风扇功率：风扇功率越大通常风扇的转速越高，风力越强，散热的效果也越好。

3）风扇噪声：噪声大小通常与风扇的功率有关，但也和风扇质量、安装位置有关。选择CPU散热器时，噪声指标不能超过30dB，正常情况时噪声指标低于25dB。

风冷散热器如图3-5所示，主要由散热片和风扇组成，通过风扇把热气吹到机箱外，保证计算机温度正常。

（2）水冷散热器

常见的水冷散热器分为一体式水冷散热器和分体式水冷散热器。

1）一体式水冷散热器。该类散热器主要由水冷排水管和水冷头（泵头）组成，如图3-6所示，其工作原理为水冷头直接接触CPU表面，水冷液在水管内部经过泵的运转流过水冷头变成热水，热水通过水管流到水冷排处，把热量传递给含有大量铝制鳍片的水冷排，然后变成冷水流回水冷头。

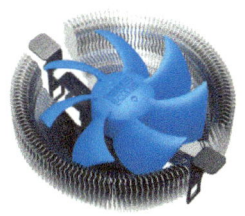

图3-5　风冷散热器

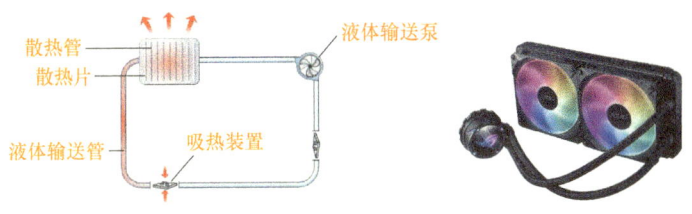

图3-6　一体式水冷散热器

2）分体式水冷散热器。分体式水冷散热器如图3-7所示，具有噪声小、散热效率高的优势，但是容易出现漏水现象，损坏计算机零部件，价格比风冷散热器高。

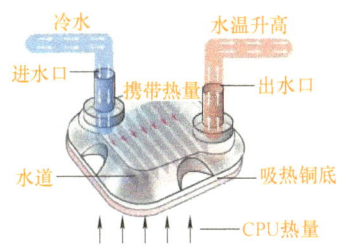

图3-7　分体式水冷散热器

（3）热管散热器

热管散热器从散热方式上来说，仍是风冷散热器的一种。

由于物体的吸热、放热是相对的，凡是有温差存在，就必然出现热从高温处向低温处传递的现象。热管散热的原理就是利用蒸发制冷，让热管两端温差很大，使热量快速传导。

请扫描**"散热器"**二维码，学习更多相关知识。

5. 国产CPU

"龙芯"是我国最早研制的高性能通用处理器系列，于2001年在中科院计算所开始研发，得到了中科院、863、973、核高基等项目大力支持。2010年，中国科学院和北京市政府共同牵头出资，龙芯中科技术有限公司正式成立。

2002年8月10日诞生的"龙芯1号"是我国首枚拥有自主知识产权的通用高性能微处理芯片。"龙芯1号"系列为32位低功耗、低成本处理器，主要面向低端嵌入式和专用应用领域。"龙芯2号"系列为64位低功耗单核或双核系列处理器，主要面向工控和终端等领域；"龙芯3号"系列为64位多核系列处理器，主要面向桌面和服务器等领域，如图3-8所示。2021年7月23日，首款采用自主指令系统LoongArch设计的处理器芯片3A5000正式发布，该芯片主频为2.3～2.5GHz，包含4个处理器核心，性能实现大幅跨越，是代表我国自主CPU设计领域的新里程碑成果。

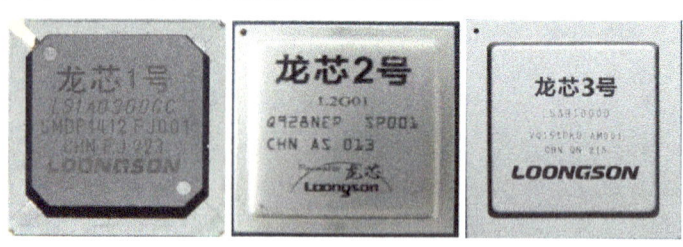

图3-8　龙芯系列CPU

3.1.2　主板

请扫描"**主板**"二维码，观看配套技能训练指导视频：主板检查与安装方法。

主板一般为矩形电路板，上面集成了计算机的主要电路系统，一般有BIOS芯片、I/O控制芯片、键盘和面板控制开关接口、指示灯插接件、扩充插槽、主板及插卡的直流电源供电接插件等元件。在计算机硬件系统中，主板的类型和档次决定着计算机的类型和档次，主板的性能影响着计算机的性能。

1．主板的分类

1）按照结构标准，主板可以分为ATX（标准型）、M-ATX（紧凑型）、E-ATX（加强型）、MINI-ITX（迷你型）等，其用途分别如下：

① ATX是市场上最常见的主板结构，扩展插槽较多，PCI插槽数量在4～6个，大多数主板都采用此结构；ATX主板是Intel公司1995年公布的PC主板结构，规范中包含内置音频和视频功能。

以ATX主板中H310为例进行说明，该主板有3个PCI-E插槽，4个内存插槽，外形尺寸为305mm×244mm，如图3-9所示。请扫描"**图3-9**"二维码查看高清彩色图片。

② Micro ATX又称Mini ATX，简称M-ATX，是ATX结构的简化版，就是常说的"小板"，扩展插槽较少，PCI插槽数量在3个或3个以下，多用于品牌机并配备小型机箱，外形尺寸为244mm×244mm，如图3-10所示。请扫描"**图3-10**"二维码查看高清彩色图片。

③ LPX、NLX、Flex ATX则是ATX的变种，多见于国外的品牌机。

④ E-ATX和W-ATX主板，多用于服务器/工作站。

图3-9　ATX主板　　　　　　　　　图3-10　Micro ATX主板

2）按照印制电路板工艺，又可以分为2层结构板、4层结构板和6层结构板等，其中以4层结构板为主。主板的层数分布如下：

① 4层结构板最上层和最下层为"信号层"，中间2层为"接地层"和"电源层"。

② 6层结构板一般有3个信号层、1个接地层和2个电源层（可提供不同的电压）。

3）按照主板模型，又可以分为公版和非公版。

① 公版：主板芯片厂家在每发布一款新的芯片组时，会为搭载它们的主板规格制订一个规范，包括芯片的工作模式（比如CPU针脚数、功率等）、电路板的供电、散热以及其他一些布置等，并会制造出一种样板，给主板制造厂参考，按照这些样板制造的主板就是公版。

② 非公版：与公版相对应的就是非公版，制造厂商可以在一定限度内自由发挥，比如改进散热器、增加PCB厚度、对芯片适当超频等。

2. 主板的主要参数

芯片组是主板的核心部件，它的类型和规格决定主板的性能，影响整个计算机的性能。

过去的主板芯片组为北桥和南桥双芯片，北桥芯片负责对不同CPU类型和主频的支持、内存控制、PCI-E总线通信，南桥芯片负责各种I/O（输入/输出）通信，在南北桥芯片上各安装有一个散热片，如图3-11所示。

随着CPU工艺的进步，集成度越来越高，北桥的绝大部分功能都被集成到了CPU里，变成了现在单芯片设计。现在的主板芯片组其实就是原来的南桥芯片，如图3-11和图3-12所示。请扫描"图3-11"和"图3-12"二维码查看高清彩色图片。

图3-11　双芯片主板　　　　　　　　图3-12　单芯片主板

目前，Intel常见的芯片组型号见表3-1。目前，AMD常见的芯片组型号见表3-2。

表3-1　Intel主板芯片组型号

系列号	主板芯片组型号	CPU接口
600系列	X699、Z690、Q670、H670、B660、H610	LGA1700
500系列	Z590、H570、B560、H510	LGA1200
400系列	Z490、H470、Q470、B460、H410	LGA1200
300系列	Z390、Z370、H370、Q370、B360、H310	LGA1151

表3-2　AMD主板芯片组型号

系列号	主板芯片组型号	CPU接口
500系列	X570、B550、A520	AM4
400系列	X470、B450	AM4
300系列	X370、B350、A320	AM4

3. 查看主板主要参数

用户可通过产品说明书或包装查看主板的型号以及各种参数，也可通过主板印刷的信息快速了解产品的各项参数。

（1）从主板外观查看信息

以华硕某款Z690主板为例进行介绍，如图3-13所示。观察主板CPU插槽，为点触式，所以该主板适用于Intel公司的CPU。在主板中部，印有"TUF GAMINGZ690-PLUS WIFI"，代表该主板的芯片组为Intel Z690，如图3-14所示。

还可以通过观察主板后面板的接口、PCI-E插槽、内存插槽的数量来判断主板类型。

图3-13　华硕主板

图3-14　Intel Z690

（2）通过主板型号查询

在相关网站中搜索主板型号，会出现该主板的详细信息，如图3-15所示。

（3）通过检测软件查询主板的参数

通过检测软件进行测试，使用CPU-Z软件可以检测主板的重要参数及详细信息。在软件主界面单击"主板"标签就可以查看到主板的详细参数，如图3-16所示，包括主板的制造商、芯片组、南桥等重要参数信息。

单元3　计算机硬件系统

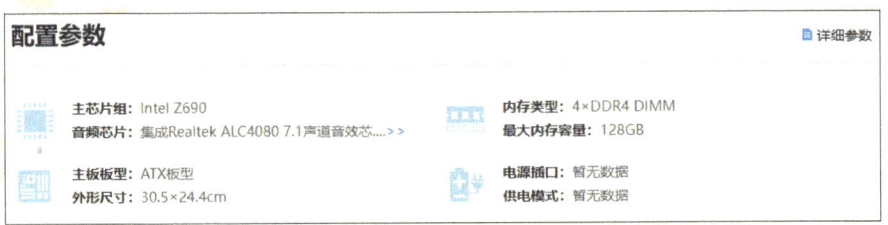

图3-15　在相关网站查询主板参数

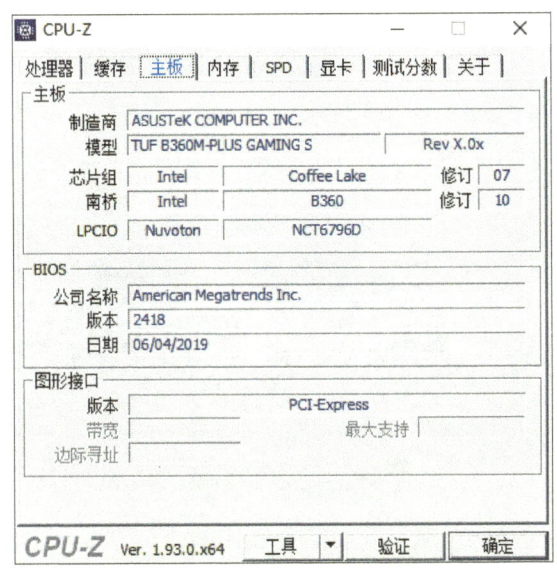

图3-16　CPU-Z主板信息界面

4．西元主板简介和故障种类

（1）西元主板简介

西元主板采用主流ATX结构，如图3-17所示，主板为四层板（分别是主信号层、接地层、电源层、次信号层），外形尺寸为305mm×244mm。该主板为西元计算机装调与维修技能鉴定装置的核心部件。西元主板具有快速设置和恢复故障的功能，由行业知名资深专家设计，与国际一流品牌主板共线生产，更适合反复拆装。

西元主板主要由11种电路区域构成，依次为中央处理器区、后面板接口区、集成网卡芯片区、PCI-E扩展插槽区、集成声卡芯片区、故障设置区、内接插座区、故障诊断电路区、超级输入输出接口芯片区、南桥芯片区、内存插槽区。请扫描"**图3-17**"二维码查看高清彩色图片。

（2）西元主板的11个电路区域

1）中央处理器区。该区域主要由CPU插槽及外围电路构成，位于主板上侧中间位置。CPU插槽上还配置有保护盖，防止针脚损伤。

2）后面板接口区。该区域的接口主要是主机与外部设备连接的接口，如图3-18所示，包括键盘、鼠标、显示器、U盘、RJ-45网络、音频、打印机、扫描仪等接口。

43

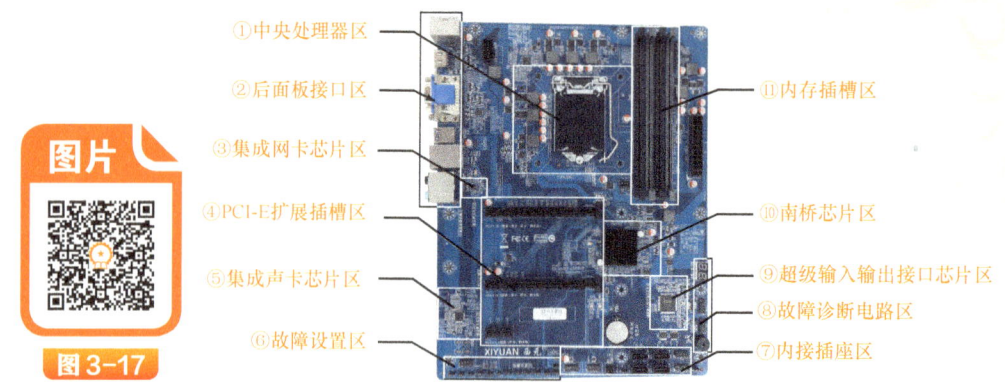

图3-17 西元主板

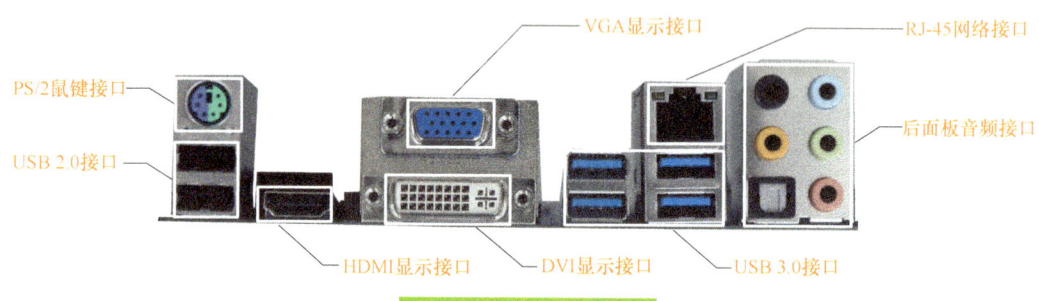

图3-18 后面板接口区

计算机外部设备的接口一般采用防呆设计，即接口上设有突出或凹陷的标记，例如PS/2接口；又或者接口为不规则形状，如HDMI、VGA和DVI显示接口等，保证外部设备在安装时不被插反或插错，避免因操作失误而导致设备损坏。

3）集成网卡芯片区。该区域主要由网卡芯片及外围电路构成，常见的网卡芯片有Intel RC82545EM、Realtek 8111G（本主板使用芯片）、VT 6105等。

4）PCI-E扩展插槽区。该区域主要由PCI-E扩展插槽及外围电路构成，扩展插槽类型主要分为2种，分别是PCI-E×1和PCI-E×16，其中"×1"和"×16"指的是倍速。可以根据不同的角度对2种插槽进行区分：

①根据外观区分，PCI-E×1扩展插槽短，PCI-E×16扩展插槽长。

②根据插入的设备区分，PCI-E×1扩展插槽可以插声卡和网卡，PCI-E×16扩展插槽是专门插显卡的。

③根据倍速区分，PCI-E×16扩展插槽的倍速是PCI-E×1扩展插槽的16倍。

④根据兼容性区分，PCI-E扩展插槽具有向下兼容性，即PCI-E×16扩展插槽兼容PCI-E×1设备。

5）集成声卡芯片区。该区域主要由声卡芯片及外围电路构成，常见的声卡芯片有ALC系列、VIA系列和CS系列等。

6）故障设置区。该区域为西元主板独有区域，特别设计有26个故障设置点，印刷了故障标识，由F1～F21表示。该区域可实现10类26种故障设置及数百种组合故障设置，采用跳线帽快速设置故障和恢复主板正常。

7）内接插座区。该区域主要由SATA接口和九针插座构成，SATA接口常用于插入光驱和硬盘的数据线，九针插座常用于插入机箱面板上的USB接口连接线。

8）故障诊断电路区。该区域为西元主板独有区域，特别设计有诊断卡、数码管和蜂鸣器电路等，能准确判断出故障类别。例如在进行内存故障检测时，诊断卡电路能准确判断出该故障类别，数码管显示故障代码为C1，同时蜂鸣器发出"滴滴"声，进行声音报警，故障现象直观且明显。

9）超级输入输出接口芯片区（I/O）。该区域位于主板的右下方，负责把键盘、鼠标、串口进来的串行数据转化为并行数据，并对数据进行处理。例如，在维修现场，键盘、鼠标和打印机等一些外设不能使用，多为I/O芯片损坏。

10）南桥芯片区。该区域主要负责I/O总线之间的通信，位于主板上离CPU插槽较远的下方，PCI-E插槽的附近，有利于布线及实现信号线等长的布线原则。

11）内存插槽区。该区域由4个内存插槽组成，颜色为黑、灰两种，其中第1和第3个内存插槽构成一组双通道（黑色），第2和第4个内存插槽构成另一组双通道（灰色）。

（3）故障标识

西元主板专门印刷有故障标识，由F1~F21表示，如图3-19所示。例如，F1、F2为CPU控制端故障；F3、F4为芯片组故障；F5、F6_1、F6_2为内存故障等。

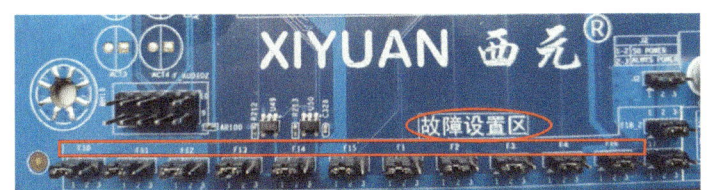

图3-19　西元主板故障标识

（4）故障检测

西元主板专门集成有诊断卡、数码管和蜂鸣器电路，能准确判断出故障类别，如图3-20所示。例如，在进行内存故障检测时，诊断卡电路能准确判断出该故障类别，并生成相应故障代码"C1"，数码管显示故障代码"C1"，同时蜂鸣器发出"滴滴"声，进行声音报警，故障现象直观且明显。

（5）故障种类

西元主板为主流ATX计算机主板，采用跳线帽的方式快速设置故障和恢复主板正常，专门设计了10类26种故障设置点及数百种组合故障。故障种类有CPU控制端故障、芯片组故障、内存故障、显示故障、音效故障、网络故障、扩展槽故障、内接插座故障、接口故障、BIOS设置故障，见表3-3。

图3-20　集成诊断卡、数码管和蜂鸣器电路

表3-3 西元主板可设置的故障种类

序号	故障类型	故障内容和现象
1	CPU控制端故障	故障1：风扇在转，电源灯亮，屏幕不显示，CPU不工作，诊断码为"FF"
2		故障2：风扇转一下停止，电源灯亮一次，屏幕不显示，CPU不工作
3	芯片组故障	故障3：主板不开机，风扇在转，电源灯亮，屏幕不显示，诊断码为"FF"
4		故障4：主板不能关机，按Power键无反应
5	内存故障	故障5：计算机不开机，同时蜂鸣器报警，诊断码为"C1"或出现掉电重启现象
6		故障6_1：内存插DIMMA通道，计算机不开机，同时蜂鸣器报警，诊断卡为"C1"或出现掉电重启现象
7		故障6_2：内存插DIMMB通道，计算机不开机，同时蜂鸣器报警，诊断卡为"C1"或出现掉电重启现象
8	显示故障	故障7：VGA不显示
9		故障7_1：VGA偏蓝
10		故障7_2：VGA偏红
11		故障7_3：VGA偏绿
12		故障8：DVI不显示
13		故障9：HDMI不显示
14	音效故障	故障10：右声道没有声音或者声音明显变小
15		故障11：左声道没有声音或者声音明显变小
16		故障12：插入音频设备，计算机没有声音
17	网络故障	故障13：识别不到集成网卡
18	扩展槽故障	故障14：PCI-E×16_1插槽，不识别独立显卡、网卡和声卡
19	内接插座故障	故障15：24针电源插座，计算机不开机，主板不工作
20		故障16：CPU风扇插座，计算机可以开机，风扇不转
21		故障17：前端控制面板插座，主机通电后，不按开机键，有开机动作后掉电，不能正常工作
22	接口故障	故障18_1：后面板2个USB 2.0、2个USB 3.0故障
23		故障18_2：前面板2个USB 2.0内接插座故障
24		故障19：COM1口故障
25		故障20：无法识别PS/2设备
26	BIOS设置故障	故障21：因BIOS设置故障造成不开机，恢复出厂设置

3.1.3 内存

请扫描"**内存**"二维码，观看配套技能训练指导视频：内存检查与安装方法。

内存（Memory）也被称为内存储器或主存储器，它是计算机的重要部件之一，也是外存（例如，硬盘及U盘等存储设备）与CPU进行沟通的桥梁。

计算机中所有程序的运行都是在内存中进行的，因此内存的性能对计算机的影响非常大。内存是一种随机存储器（Random Access Memory，RAM），其作用是暂时存放CPU中的运算数据，以及与硬盘等外部存储器交换数据。只要计算机在运行中，CPU就会把需要运算的数据调到内存中进行运算，当运算完成后CPU再将结果传送出来。当机器关机断电后，内存中的数据就会全部丢失。

内存的基本组成为电路板、金手指、内存颗粒等，如图3-21所示。部分内存外部还安装有"马甲"，如图3-22所示。带"马甲"的内存比普通内存增加了散热模块，拥有更好的散热性。

图3-21 内存的组成

图3-22 带"马甲"的内存

1. 内存的分类

内存的接口类型是根据内存条金手指上导电触片的数量来划分的。金手指上的导电触片，也称为针脚（Pin）。不同的内存采用的接口类型各不相同，各种接口类型所采用的针脚也各不相同。

笔记本计算机内存一般采用144Pin和200Pin接口；台式机内存则基本使用168Pin和184Pin接口。对应于内存所采用的不同针脚数，内存插槽类型也各不相同。

历史上，台式计算机主板内存插槽出现过SIMM、DIMM、RIMM和DDR DIMM等几种类型，如图3-23为各类型插槽所对应的内存。

SIMM接口

DIMM接口

RIMM接口

DDR DIMM接口

图3-23 各类型插槽所对应的内存

2. 内存的主要参数

1）内存主频。内存主频表示内存的速度，它代表内存所能达到的最高工作频率。内存主频是以MHz为单位来计量的。内存主频越高，表示内存速度越快。DDR4的最高频率为4000MHz。

2）内存总线位宽。内存总线位宽也叫内存带宽，是指内存控制器与CPU之间的

"桥梁"或"仓库"。显然，内存的容量决定"仓库"的大小，而内存的带宽决定"桥梁"的宽窄。

3）内存容量。在64位系统广泛普及后，内存容量已经从512MB、1GB、2GB发展到现在的4GB、8GB、16GB，更有高端的应用已经使用了32GB及以上的内存。

4）内存电压。内存正常工作需要一定的电压值。不同类型的内存，工作电压也不相同，但各自均有自己的规格，若电压波动超出规格范围，容易造成内存损坏。DDR内存一代至五代的电压范围为1.1～2.5V不等。

5）内存CAS延迟。内存CAS延迟是指内存存取数据所需的时间，即内存接到CPU指令后的反应速度。一般参数为2和3。数字越小，代表反应所需的时间越短。

3. 内存的发展

请扫描"**内存知识**"二维码，阅读学习更多专业知识。

3.1.4 硬盘

请扫描"**硬盘**"二维码，观看配套技能训练指导视频：硬盘检查与安装方法。

硬盘是计算机最为重要的外围存储设备，计算机的系统软件和应用软件一般都存储在硬盘中，运行时，系统需要反复地与硬盘上建立的虚拟内存交换信息，执行读/写操作。

1. 硬盘分类

市面上主流的硬盘大致分为机械硬盘（HDD）和固态硬盘（SSD）两种。HDD采用磁性碟片来存储，SSD采用存储芯片来存储。

（1）机械硬盘（HDD）

机械硬盘即传统普通硬盘，主要由盘片、磁头、主轴、串行接口等几个部分组成，如图3-24所示。其中盘片是机械硬盘用来承载数据存储的介质。请扫描"**图3-24**"二维码查看高清彩色图片。

图3-24 机械硬盘

机械硬盘正面都贴有硬盘标签，标签上一般都标注着与硬盘相关的信息，例如，产品型号、产地、出厂日期、产品序列号等。机械硬盘的顶部有电源接口插座和数据线接口插座。机械硬盘的背面则是控制电路板，可以清楚地看出各部件的位置。

机械硬盘分为台式机械硬盘和笔记本机械硬盘，其区别如下：

1）外形尺寸。笔记本机械硬盘采用2.5英寸小尺寸硬盘，长100mm，宽70mm；台式机械硬盘采用3.5英寸标准尺寸硬盘，长147mm，宽102mm，如图3-25所示。

2）转速不同。转速（Rotational Speed）是硬盘内电机主轴的旋转速度，也就是硬盘盘片在1min内所能完成的最大转数。转速的快慢是硬盘重要参数之一。

图3-25　2.5英寸硬盘和3.5英寸硬盘对比

目前，笔记本采用的转数多是5400转，台式计算机采用的多是7200转。

（2）固态硬盘（SSD）

固态硬盘（Solid State Drive）是用固态电子存储芯片阵列制成的硬盘，由控制单元、存储单元（内存颗粒、缓存芯片）和外部接口组成，如图3-26所示。请扫描"图3-26"二维码查看高清彩色图片。

相较于机械硬盘，固态硬盘具有读写速度快、防震抗摔性强、功耗低、无噪声等优势，但也有一定的缺陷，例如，寿命短、售价高等。

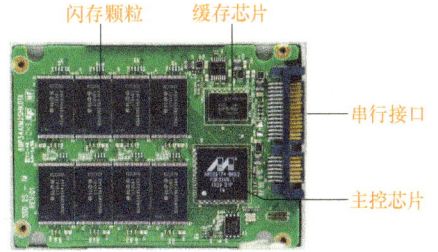

图3-26　固态硬盘

2. 硬盘接口

硬盘接口分为数据接口和供电接口。常见的接口类型有IDE、SCSI、SATA、mSATA、M.2，具体如下：

（1）IDE接口

IDE（Integrated Drive Electronics），全称为电子集成驱动器，是一种并行接口，是指把"硬盘控制器"和"盘体"集成在一起的硬盘驱动器。IDE代表着早期硬盘的一种接口类型，如图3-27所示。其缺点主要是数据传输慢，不支持热插拔等，现已淘汰。

图3-27　IDE接口硬盘

（2）SCSI接口

SCSI（Small Computer System Interface），全称为小型计算机系统接口，如图3-28所示。SCSI是一种广泛应用于小型机上的高速数据传输技术，具有应用范围广、多任务、带宽大、CPU占用率低，以及热插拔等优点，因此SCSI硬盘主要应用于中、高端服务器和高档工作站中。

图3-28　SCSI接口硬盘

（3）SATA接口

SATA（Serial Advanced Technology Attachment），全称为串行硬件驱动器接口，是一种串行接口，如图3-29和图3-30所示，是目前最常见的一种硬盘接口。SATA采用串行连接方式，SATA总线使用嵌入式时钟信号，具备了更强的纠错能力，与以往相比其最大的区别在于能对传输指令（不仅是数据）进行检查，如果发现错误会自动矫正，这在很大程度上提高了数据传输的可靠性，具有结构简单、支持热插拔的优点。

SATA接口从SATA 1.0升级到了如今的SATA 3.0，其理论最高带宽可达6Gbit/s，即传输速率约768MB/s。

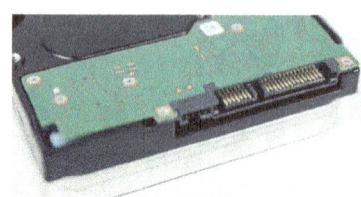 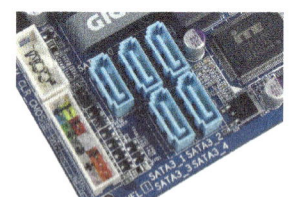

图3-29　SATA接口硬盘　　　　　图3-30　主板上的SATA接口

（4）mSATA接口

mSATA接口，全称为迷你版SATA接口，如图3-31和图3-32所示，是为了更适应超薄设备的使用环境、专门针对便携设备开发的一种接口。

 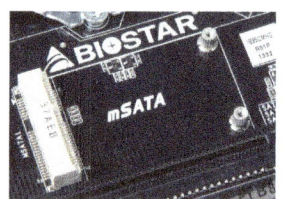

图3-31　mSATA接口硬盘　　　　　图3-32　主板上的mSATA接口

（5）M.2接口

M.2接口是Intel推出的一种替代mSATA的新型接口规范，它支持两种协议，一种是SATA，一种是NVMe。其中，支持SATA协议的接口，速度和普通固态硬盘一样；支持NVMe协议的接口，速度更快、性能更强。

M.2接口的固态硬盘比mSATA接口的固态硬盘小，其长度最短从20mm开始，最长可以到110mm，以此来提高SSD容量，且单面厚度不超过2.75mm，双面厚度不超过3.85mm。M.2与mSATA的规格对比见表3-4。

表3-4　M.2与mSATA的规格对比

接口	mSATA	M.2
宽度	30mm	22mm
长度	半高：30mm 全高：50mm	标准：42mm 60mm 80mm 非标准：20mm 120mm
厚度	单面：约4.85mm 双面：约5mm	单面：2.15～2.75mm 双面：3.5～3.85mm
总线协议	SATA	SATA或PCI-E或PCI-E×4

M.2型号里总会有2230/2242/2260/2280/22110这样的数字,如图3-33所示。它们所代表的是SSD的长宽尺寸,比如最常见的2280规格就是宽22mm、长80mm。使用前,请务必确认主板是否有M.2接口,支持什么尺寸的M.2接口,如图3-34所示。

常见的M.2接口有两种类型:Socket 2(B key)和Socket 3(M key),其中Socket 2采用SATA协议,支持SATA、PCI-E×2接口,且PCI-E×2接口最大读取速度可以达到700MB/s,写入也能达到550MB/s;而Socket 3采用NVMe协议,可支持PCI-E×4接口,理论带宽可达4GB/s,这类产品上通常会有PCIe 4.0、NVMe等标注,如图3-35所示。

两者从外观上的区别主要是金手指的缺口位置,以及短插槽部分的金手指数量。

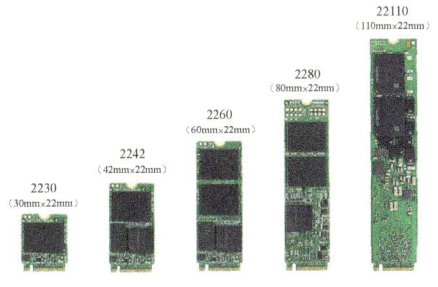

图3-33 M.2接口固态硬盘

图 3-34 主板上的M.2接口

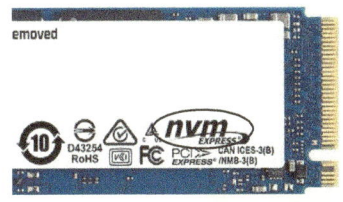

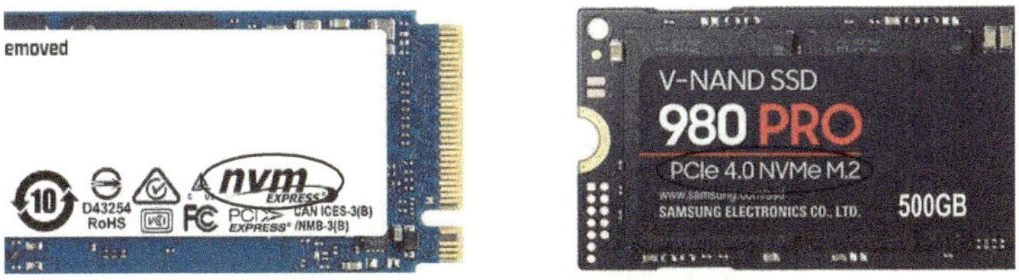

图3-35 Socket 3（M key）标识

目前大部分产品在设计时,通常会采用B&M key接口模式,采用三段式金手指,可以同时兼容B key或M key两种形式的M.2插槽,三种金手指对比如图3-36所示。

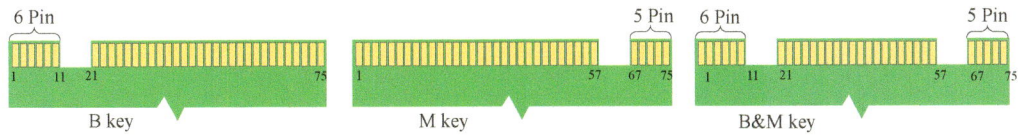

图3-36 B key、M key和B&M key三种金手指对比

以上类型的硬盘接口都设计有防呆结构,安装时要仔细观察接口方向是否正确,严禁用力强行插拔,防止接口损坏。

3.1.5 显卡

请扫描"**显卡**"二维码,观看配套技能训练指导视频:显卡检查与安装方法。

显卡可以分成集成显卡、核心显卡和独立显卡等,它由显卡核心（GPU）、电路板（PCB）、显存、金手指、供电和显示接口等构成,如图3-37所示,请扫描

"图3-37"二维码查看高清彩色图片。

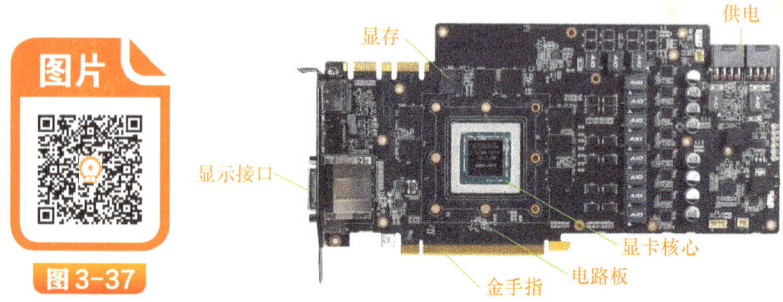

图3-37 显卡的构成

请扫描"显卡知识"二维码，学习下面相关知识。

1．显卡分类
2．显卡的主要性能指标
3．GPU分类
4．显卡接口

3.1.6 声卡

请扫描"声卡"二维码，观看配套技能训练指导视频：声卡检查与安装方法。

声卡（Sound Card）也叫音频卡，是多媒体技术中最基本的组成部分，是实现声波/数字信号相互转换的一种硬件。

声卡的基本功能是把来自话筒等的原始声音信号加以转换，输出到耳机、扬声器、扩音机、录音机等声响设备，或通过音乐设备数字接口（MIDI）使乐器发出美妙的声音。

1．声卡的分类

（1）按照接口类型

可分为集成式、板卡式、外置式三种。

1）集成式。普通家用计算机基本采用集成声卡，其芯片和接口均集成在主板上，不占用PCI/PCI-E接口，成本低廉，兼容性好，能够满足普通用户的大多数音频需求，如图3-38所示为集成式声卡芯片。

2）板卡式。板卡式声卡是目前市场上的主流产品，以PCI接口为主。板卡式声卡拥有更好的性能及兼容性，支持即插即用，安装使用都很方便，如图3-39所示。

3）外置式。外置式声卡最早是由新加坡创新（Creative）公司推出的，声卡通过USB接口与PC连接，具有使用方便、易于移动等优势。但这类产品主要应用于特殊环境，如连接笔记本计算机等移动设备，以便让用户获得更好的音质，如图3-40所示。

（2）按照声卡的采样位数

可分为8位、16位、24位和32位。采样位数也是采样值或取样值，它是用来衡量声音波动变化的一个参数，数值越大所发出声音的能力越强。

(3) 按照声卡的声道

可以分为单声道声卡、准立体声声卡、立体声声卡、四声道环绕声卡、5.1声道声卡和7.1声道声卡。声道越多，声音效果越好。

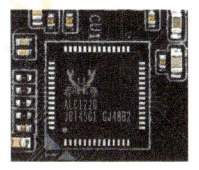
图3-38　集成式声卡芯片

图3-39　板卡式声卡

图3-40　外置式声卡

2. 声卡的主要性能指标

（1）采样位数

在信号幅度（电压值）方向上的采样精度为采样位数，采样精度越高，声音越逼真、越清晰。

（2）采样频率

时间方向上，即每秒对音频信号的采样次数为采样频率。单位时间内采样次数越多，采样频率越高，数字信号越接近原声。人耳的听力范围在20Hz到20kHz之间。大多数声卡的采样频率为44.1kHz或48kHz，达到CD音质的水平。

（3）输出信噪比

输出信噪比是衡量声卡音质的一个重要因素，即输出信号电压与同时输出噪声电压的比值，单位是分贝（dB）。数值越大，表示输出信号中被掺入的噪声越小，音质越好。一般集成声卡的信噪比仅80dB，PCI声卡拥有较高的信噪比（90dB，高者达195dB以上）。

3.1.7　网卡

请扫描"网卡"二维码，观看配套技能训练指导视频：网卡检查与安装方法。

网卡又叫网络接口卡（Network Interface Card，NIC），是计算机网络中最重要的连接设备。它的作用是将计算机发往网络的数据分解成适当大小的数据包，并通过网线将数据发送到网络上去。网卡的网络节点地址是厂家在生产时直接烧入ROM中的。

1. 网卡的分类

1）按照网卡结构属性可分为集成网卡和独立网卡。对于一般日常应用，主板上的集成网卡已可以满足基本使用要求，图3-41所示为常见集成网卡芯片。

2）独立网卡按照上网方式可分为有线网卡和无线网卡，按照接口类型常用的主要有PCI-E有线网卡和USB无线网卡，如图3-42所示。

图3-41　常见集成网卡芯片

图3-42 常见独立网卡

a）PCI-E有线网卡 b）USB无线网卡

2. 网卡的主要性能指标

（1）传输速率

传输速率指网卡每秒接收或发送数据的能力，单位是Mbit/s（兆位/秒），常见的速率有10Mbit/s、100Mbit/s、1000Mbit/s、10 000Mbit/s（10Gbit/s）等。使用时，要根据带宽需求，并结合物理传输介质所能提供的最大传输速率来选择网卡的传输速率。目前市场上的主流网卡多为自适应网卡，例如，千兆自适应网卡能够自动适应远端网络设备（集线器或交换机），以确定当前可以使用的速率，最大传输速率能达到1000Mbit/s。

（2）主控芯片

主控芯片是网卡的核心元件，一块网卡性能的好坏主要看这块芯片的质量。目前常见的芯片品牌有Realtek、VIA、SiS、Intel、BROADCOM等。

（3）网络接口类型

集成网卡一般带有一个或两个RJ-45网络接口，独立网卡有无线网卡和有线网卡之分，有线网卡的接口除了RJ-45口，部分还带有光纤接口，可提供更高的传输速率。

3.1.8 光驱

请扫描"光驱"二维码，观看配套技能训练指导视频：光驱检查与安装方法。

装载数据信息的载体被称为光盘。光驱是光盘驱动器，是从光盘读取数据或向光盘写入数据的设备。

光驱是由激光头组件、主轴电机、光盘托架、启动机构组成的，其特点是容量大、成本低廉、稳定性好、使用寿命长、便于携带。

1. 光驱的分类

按照光驱的安装方式可分为内置光驱与外置光驱两种，如图3-43所示。

按照光驱的功能主要分为CD-ROM驱动器、DVD光驱（DVD-ROM）、康宝（COMBO）光驱、蓝光光驱和刻录光驱等几种，具体如下：

图3-43 内置光驱与外置光驱

1）CD-ROM驱动器：又称为致密盘只读存储器，是一种只读的光存储介质。它是利用原本用于音频CD的CD-DA（Digital Audio）格式发展起来的。

2）DVD光驱：是一种可以读取DVD碟片的光驱，可以兼容DVD-ROM、DVD-VIDEO、DVD-R等常见格式。

3）COMBO光驱：该光驱是一种集合了CD刻录、CD-ROM和DVD-ROM为一体的多功能光存储产品。

4）蓝光光驱：既能读取蓝光光盘的光驱，又能向下兼容DVD、VCD、CD等格式。

5）刻录光驱：包括CD-R、CD-RW和DVD刻录机以及蓝光刻录机等。刻录机的外观和普通光驱相似，只是其前置面板上通常都清楚地标识着写入、复写和读取三种速度。

2．光驱的主要性能指标

（1）接口类型

一般安装在机箱内的光驱，其接口有IDE、SATA两种。外置光驱有USB接口。

（2）数据传输速率

光驱的数据传输速率越高越好。在市面上流行的是18倍速和24倍速光驱。

（3）数据缓冲区

数据缓冲区通常为128KB或256KB，一般建议选择缓冲区不少于128KB的光驱。

（4）兼容性

由于厂家不同，各种光驱的兼容性的差别很大，有些光驱在读取一些质量不太好的光盘时很容易出错，这会给用户带来很大的麻烦，所以一定要选兼容性好的光驱。

3.1.9 计算机电源

请扫描"**电源**"二维码，观看配套技能训练指导视频：电源检查与安装方法。

计算机输入电压一般为220V交流电压，通过电源转换为直流电，输出±12V直流电压，它是计算机的重要组成部分。目前，计算机电源多为开关型电源。

计算机电源应与机箱和主板相匹配，按机箱和主板标准分为AT、ATX、Micro ATX三种电源。图3-44和图3-45所示为计算机电源，一般安装在计算机的机箱内部，如图3-46所示。

请扫描"**电源知识**"二维码，学习更多计算机电源相关知识。

图3-44 全模组ATX电源

图3-45 非模组电源

图3-46 机箱内安装位置

3.1.10 机箱

请扫描"**机箱**"二维码，观看配套技能训练指导视频：机箱检查与安装方法。

机箱和电源是计算机配件中的主要部分，其中，机箱用于放置和固定各计算机配件，起到承托和保护作用。

1. 机箱的分类

根据机箱所匹配的主板和电源类型分为三大类：AT、ATX和Micro ATX。

1）AT机箱支持AT主板，现已淘汰。

2）ATX机箱是目前最常见的机箱，支持现在绝大部分类型的主板。

3）Micro ATX机箱是ATX机箱的改型，其体积比ATX小，更节省空间。

2. 机箱的结构

机箱一般包括外壳、支架、面板等。

1）外壳：外壳用钢板和塑料结合制成，硬度高，主要起保护机箱内部元件的作用。除此之外，机箱还要有防辐射的功能和利于散热的结构。

2）支架：主要用于固定主板、电源和各种驱动器。一般在设计上，机箱扩展插口、驱动器架的个数会直接影响到计算机外部设备的扩充，所以会多预留2或3个驱动器的安装位置，以便用户可以直接扩充设备。

3）面板：机箱的面板上有各种开关、指示灯和各种接口（包括USB接口、音视频接口等）。机箱面板大都采用ABS或HIPS工程塑料制成，硬度较高、便于清洁、长时间使用也不会开裂或者泛黄。

3. 机箱的外形

机箱从外形上分为立式和卧式两种。

1）立式机箱的优点在于它内部空间相对较大，电源可以根据机箱的开槽位置选择安装在机箱上部或下部，利用热空气上升冷空气下沉的原理来加强散热效果，增添各种配件也更加方便。缺点是体积较大，如图3-47a所示。

2）卧式机箱无论在散热方面还是使用性能方面都不如立式机箱，但它的体积小，可以放在显示器下面，节省空间，如图3-47b所示。

图3-47 机箱

a）立式机箱　b）卧式机箱

现如今，机箱除了要承载计算机的各部件之外，还具有装饰作用，因此机箱外形和颜色方面都更加丰富和多样化。机箱常见的外形有长立方体、梯形体、圆柱体和其他形状。机箱的颜色除了常见的黑色外，还有银色、蓝色、红色、透明以及荧光色等。

4．机箱前面板

机箱前面板上通常配有POWER和RESET两个按键，POWER和HD两个状态指示灯，以及前置音频接口、前置USB接口等，如图3-48所示。

POWER和RESET两个按键分别为计算机开关机按键和重新启动按键。

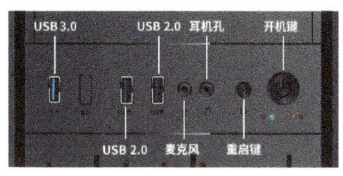

图3-48 机箱前面板接口

POWER、HD两个状态指示灯，分别代表电源接通和硬盘上有数据传送。

前置音频接口和USB接口为用户使用音频设备和USB设备提供了方便，用户可以方便地在机箱前面板上接插设备。

另外，使用前置USB接口时要注意接口供电不足的问题，在使用耗电较大的USB设备时，要使用外接电源或直接使用机箱后部的主板板载USB接口，以避免USB设备不能正常使用或被损坏。

前置开关、接口、指示灯，都要使用机箱所附带的连接线连接到主板上相应的输出接口才能使用。对于连接方式，一般在主板说明书中有详细说明。如果没有说明书，应仔细观察主板在对应接插针旁印制的标识符号，正确地安装好各种连接线。

中国计算机历史记忆四

DJS-131小型机

图3-49所示的DJS-131小型机在2017年被CCF历史记忆委员会认定为第一批"CCF中国计算机历史记忆"。

DJS-131小型机是我国DJS-100系列小型机的主要型号，开创了我国计算机工业系列化设计与生产的先河。该系列机器在我国计算机发展史中具有非常重要的历史意义。虚拟现实技术与系统国家重点实验室（北京航空航天大学）计算机博物馆现保存1台完整的DJS-131小型机。

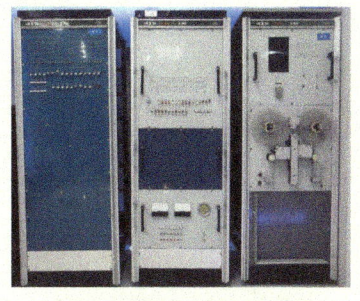

图3-49 DJS-131小型机

1973年5月，当时主管我国计算机工业的第四机械工业部（简称四机部，后改称为电子工业部）宣布成立中国DJS-100系列机联合设计组，开始进行该系列第一个中档机型DJS-130机的联合设计。DJS-130机由清华大学担任组长单位，副组长由北京无线电三厂和天津无线电研究所出任，共有十多家工厂、学校和研究所参加。1974年8月，DJS-130小型计算机研制成功，从设计到鉴定仅用了一年多的时间。

　　1973年6月，四机部又组织了以上海无线电十三厂为主，复旦大学、上海交通大学等11家单位联合参与研制DJS-131小型多功能电子计算机，该机于1975年研制成功。DJS-131小型计算机字长16位、内存4～32KB（可扩至64KB）、运算速度每秒50万次。DJS-131小型计算机共生产334台（占全国100系列机的35%以上），是当时国内产量最大、应用面最广、系统最稳定的国产数字电子计算机。产品一面世，即被迅速应用于电力、通信、医疗、科研、交通、工业和国防建设等领域。

3.2　计算机硬件安装工具

3.2.1　计算机装维工具箱

　　在计算机组装与维修工作过程中，涉及部件安装、电路测量、电子焊接、网络端接等基本操作技术，需要使用各种专业工具。在教学实训过程中，如何对多种工具进行高效的分配与收纳，一直是困扰实训室管理的难题。西元计算机装调与维修实训室，配套有专业的计算机装维工具箱，专门为教学实训研制开发，解决实训室管理难题。

　　如图3-50～图3-52所示，西元计算机装维工具箱的箱体采用铝合金型材和板材制作，上盖设计为透明材料，可直观查看内部工具，方便清点与核对。箱内设置有专门的成型内衬，固定工具，存取方便。每个工具都有对应的金属铭牌标签，清楚整齐，方便工具认知与查验。工具箱配置有防盗锁，安全存放，还设计有提手，方便外出携带。

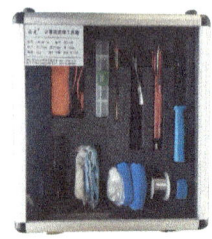
图3-50　工具箱正面

图3-51　工具箱正面（开盖）

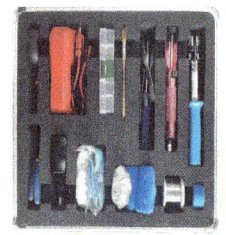
图3-52　工具箱内布局

1. 产品特点

1）计算机装调、维修以及技能鉴定专用工具箱，满足计算机安装调试与维修，教学实训与技能鉴定需要。
2）工具箱外壳采用圆弧形铝合金型材和板材，美观漂亮，坚固耐用，便于携带。
3）工具箱上盖选用透明亚克力盖板，方便工具检查与实训室管理。
4）工具箱内部设置专门成形内衬，牢靠固定工具，快速拿取工具和定位存放工具。
5）每个工具都有对应铭牌，工具名称清楚，方便快速认知工具，取用工具。
6）全部选用优质工具，功能齐全，规格合适，结实耐用。
7）工具箱配置活动海绵，可在运输中保护工具与上盖。

请扫描**"工具箱"**二维码，观看计算机装维工具箱介绍视频。

2. 主要配置

西元计算机装维工具箱主要配置见表3-5。

表3-5 西元计算机装维工具箱主要配置

序号	产品名称	数量	产品规格与功能
1	放大镜	1把	10倍放大。用于检查电路板元器件焊点
2	数字万用表	1个	LED屏带背光，直流、交流、电阻、二极管等多档位调节，配有红、黑表笔。用于测试主板电路的电压、电流、电阻等
3	零件盒	1个	5格，2排，共10格。用于存放螺钉
4	毛刷	1把	总长145mm，毛宽29mm，毛长29mm。用于电路板和工作台面的清洁
5	十字螺丝刀	1把	总长210mm，$\phi 6\times 100$mm，十字头。用于安装和拆卸螺钉
6	直头防静电镊子	1个	总长120mm，黑色，光亮。用于电子焊接训练板时折弯元器件引脚
7	鸭嘴防静电镊子	1个	总长116mm，装配式黑色鸭嘴，带槽，柄部银色。用于计算机主板跳线帽的插拔
8	吸锡枪	1把	长度210mm。用于电路板上元器件拆除
9	双用网线钳	1把	RJ-45口。用于网络跳线制作
10	尖嘴钳	1把	4.5寸，带齿钳，带弹簧。用于机箱内螺柱的拆卸和安装
11	斜口钳	1把	4.5寸，剪钳，带弹簧。用于剪断多余的元器件引脚
12	电源适配器	1个	单相2针插头；输出DC 5V，额定电流1A，USB接口。连接线1根，USB插头，DC5.5×ϕ2.5插头，长度1.3m。用于电子焊接训练板的通电测试
13	防静电手环	2个	防静电有线手环，拉伸长度1.2m。用于组装和维修时防静电危害
14	防静电手套	2双	条纹手套，均码，用于组装和维修时防静电危害
15	水晶头	10个	超五类非屏蔽RJ-45水晶头，用于网络跳线的制作
16	抹布	2块	吸水抹布。用于机箱和显示器的清洁
17	焊锡丝	1卷	线径0.8mm。用于电路板元器件的焊接
18	魔术贴	0.5米	薄款，背对背魔术贴，宽度15mm。用于机箱内部或外部理线绑扎

3.2.2 通用工具

1. 螺丝刀

螺丝刀是组装计算机时最常用的工具，如图3-53所示。螺丝刀的种类和规格有很多，一般使用十字螺丝刀和一字螺丝刀，带磁性，可以更好地固定螺钉，或者粘取螺钉时使用。但在磁盘等磁性材料设备上使用时，需要注意距离和时间，以免破坏数据。

2. 尖嘴钳

尖嘴钳用于夹持和拆装小型元件，如跳线帽、金属螺柱、机箱挡板、塑料定位卡等需要使用工具协助拆装的情况下使用，如图3-54所示。

图3-53　十字螺丝刀和一字螺丝刀

图3-54　尖嘴钳

3. 斜口钳

斜口钳也称为斜嘴钳，如图3-55所示，主要用于计算机板卡维修，在电子焊接时剪断多余的元器件引脚。还可代替一般剪刀剪切魔术贴、尼龙扎带等。注意，不可使用斜口钳剪切钢丝等过硬的器件。

4. 双用网线钳

双用网线钳主要用于网线的剥线、裁剪，RJ-11、RJ-12、RJ-45水晶头的压接，在计算机网络安装与维修中使用，如图3-56所示。

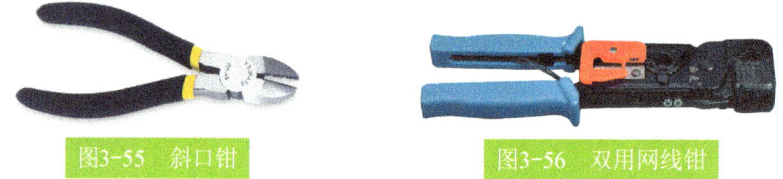
图3-55　斜口钳　　　　图3-56　双用网线钳

3.2.3　计算机装维专用工具

1. 防静电镊子

由于机箱内部结构紧凑，部件之间的空隙较小，一些较小的连线、接口的拆装都需要镊子来帮助，例如，跳线帽、机箱开机键连接线、电源指示灯连接线和硬盘指示灯连接线等插接。镊子分为弯头镊子、直头镊子和鸭嘴镊子，如图3-57所示。为了防止接触电路板造成短路，镊子的前端应为绝缘材料。

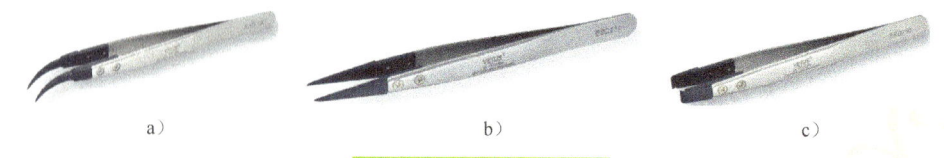

图3-57　常见几种镊子

a）弯头镊子　b）直头镊子　c）鸭嘴镊子

2. 防静电手套与手环

请扫描**"防静电手环"**二维码,观看配套技能训练指导视频:防静电手环使用方法。

在所有电子产品的组装过程中,操作人员都应该佩戴防静电手套,可以有效避免人体存留或者产生的静电传输到电子设备中对电子产品造成伤害,防静电手套能够隔绝人体的静电,如图3-58所示。

防静电手环的原理是通过腕带及接地线将人体的静电导向大地。使用时腕带与皮肤接触,并确保接地线直接接地,因此电子行业普遍使用防静电手环,以充分保护静电敏感装置和印刷电路板,如图3-59所示。

3. 零件盒

在维修计算机时,会用到各种规格的螺钉以及不同类型的小型电子元器件,为了防止遗失,应准备一个能够规范存放的防静电材质物料盒,如图3-60所示。

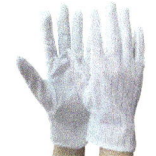 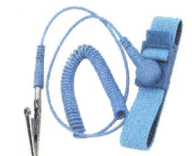 

图3-58　防静电手套　　　图3-59　防静电手环　　　图3-60　零件盒

4. 万用表

请扫描**"万用表"**二维码,观看配套技能训练指导视频:万用表使用方法。

万用表又称多用电表或多用表,是一种多功能、多量程的测量仪表,一般可测量直流电流、直流电压、交流电流、交流电压、电阻和音频电平等,有的还可以测交流电流、电容量、电感量及半导体的一些参数。对于每一种电学量,一般都有几个量程。

万用表按显示方式分为指针万用表和数字万用表。相较于指针万用表,数字万用表精度更高,读数更方便,便于携带,如图3-61所示。

5. 热风枪焊台

请扫描**"焊台"**二维码,观看配套技能训练指导视频:热风枪焊台设置与使用方法。

在计算机维修过程中,会遇到电子元器件的损坏故障,此时需要先对故障元器件进行拆卸,再将新的元器件进行焊接,达到维修的目的。

常用的焊接工具包括电烙铁和热风枪焊台。相较于普通的电烙铁,热风枪焊台具有热效率高、可调温、防静电、寿命高等多种优点,适合多种不同类型的元件焊接,并且具有贴片式电子元件的拆卸功能,如图3-62所示。

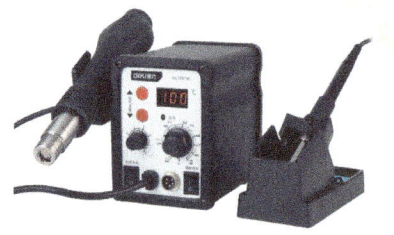

图3-61　数字万用表　　　　图3-62　热风枪焊台

6. 吸锡器

请扫描"**吸锡器**"二维码，观看配套技能训练指导视频：吸锡器使用方法。

在计算机维修过程中经常需要拆卸电路板上的电子元件，这些元件焊接时会用焊锡来固定，因此需要将焊锡清理干净才能将元件拆卸下来。清理焊锡时，尤其是大规模集成电路，只使用电烙铁操作较为困难，操作不当容易破坏印制电路板，造成不必要的损失。此时，可以使用吸锡器来协助更换元器件，达到计算机维修的目的。

吸锡器有手动和电动两种，如图3-63所示。

图3-63　电动吸锡器与手动吸锡器

3.3　技能训练

3.3.1　互动练习

请扫描"**互动练习**"二维码下载，完成单元3互动练习任务2个。

单元3 计算机硬件系统

3.3.2 习题

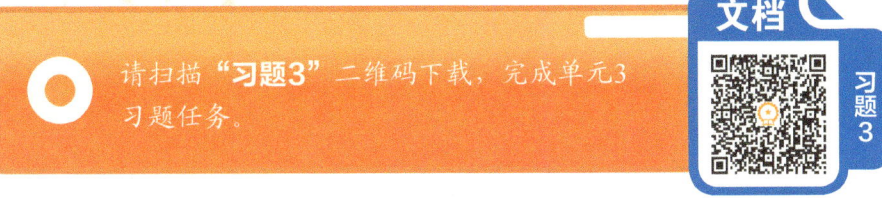

请扫描"**习题3**"二维码下载，完成单元3习题任务。

3.3.3 技能训练任务和配套视频

1. 高级训练电路板的焊接技能训练任务和配套视频

请扫描"**高级板焊接**"二维码，完成高级训练电路板的焊接技能训练任务。请扫描"**高级板**"二维码，观看"高级训练电路板焊接"视频。

2. 计算机硬件选型技能训练任务

请扫描"**硬件选型**"二维码，完成计算机硬件选型技能训练任务。

3. 计算机硬件装配与调试技能训练任务和配套视频

请扫描"**硬件装调**"二维码，完成计算机硬件装配与调试技能训练任务。请扫描"**装配**"二维码，观看"计算机硬件装配与调试"视频。

63

单元 4
计算机外部设备

在计算机使用中，需要多种外部设备进行人机对话和输入/输出各种数据与文件。本单元重点介绍计算机的输入/输出接口、常用外部输入/输出设备的类型和功能。

学习目标

★ 熟悉主板的外部输入/输出接口分类及用途
★ 熟悉常用计算机外部设备种类
★ 熟悉计算机常用故障诊断治具
★ 掌握计算机操作台的结构与组装方法
★ 通过完成技能训练任务掌握打印机、鼠标等外设的使用及维护方法
★ 通过完成技能训练任务掌握显示器的故障分析与检测方法

USB 专利　　　情景案例4

第一代USB诞生于20世纪90年代末，目前全球有超过100亿台设备使用USB。USB创造了一种单一的传输接口，让普通用户更加便捷地使用计算机，同时也拓宽了整个PC市场。英特尔公司拥有USB技术的全部专利，其芯片产品首先支持了USB技术。英特尔免费开放了这项专利技术。1998年8月，苹果公司首先向用户推出兼容USB技术的产品iMac G3。随后，微软在Windows 98第2版中支持了USB技术。请扫描**"情景案例4"** 二维码，了解更多USB相关知识。

4.1 计算机外部输入/输出接口

计算机主机安装完成后，需要接入各类输入/输出设备才可以正常使用，各设备连接时需要连接到计算机主板的输入/输出接口上。常见的主板输入/输出接口如图4-1所示。请扫描**"图4-1"** 二维码查看高清彩色图片。

单元4 计算机外部设备

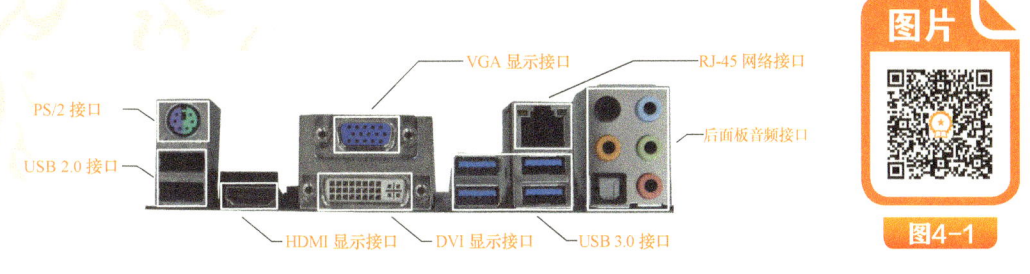

图4-1 主板输入/输出接口

4.1.1 显示接口

目前主流的主板都集成有显示接口，当CPU带有核心显卡时，可直接通过显示输出接口输出视频信号，如果CPU不带核心显卡，需要单独安装独立显卡，通过独立显卡上的显示输出接口输出视频信号。

常见的显示输出接口包括VGA、DVI、HDMI、DP等。

1. VGA接口

VGA（Video Graphics Array）接口也叫D-Sub接口，共有15针，分成3排，每排5个，如图4-2和图4-3所示，主板或显卡上集成的接口为VGA母头。

图4-2 VGA视频接口

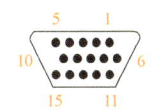
图4-3 VGA接口引脚序号

VGA接口用以传输模拟信号，是显示器应用最为广泛的接口类型，绝大多数的显示器都带有VGA接口。VGA接口引脚定义见表4-1。

表4-1 VGA接口引脚定义

引脚	含义	引脚	含义	引脚	含义
①	红基色red	⑥	红地	⑪	地址码
②	绿基色green	⑦	绿地	⑫	地址码
③	蓝基色blue	⑧	蓝地	⑬	行同步
④	地址码ID Bit	⑨	保留	⑭	场同步
⑤	自测试	⑩	数字地	⑮	地址码

此外，曾经还出现过一种Mini-VGA接口，如图4-4所示，一般用于笔记本计算机以及其他系统上的用于替代标准VGA的视频接口，现已基本淘汰。

图4-5所示为VGA视频线的线芯示意图，合格的视频

图4-4 Mini-VGA接口

线包含了多股线,质量可靠的视频线可以保证良好的画面传输效果。请扫描**"图4-5"**二维码查看高清彩色图片。日常使用时,可以采购图4-6所示的两端带有VGA公头的成品线缆,连接显示器与显卡。

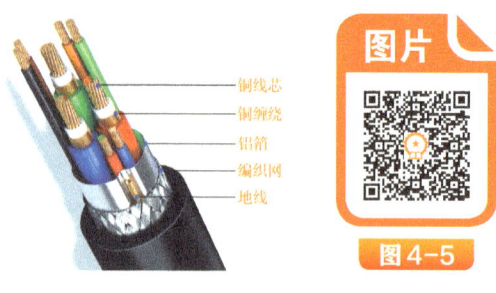

图4-5 VGA视频线的线芯示意图

图4-6 VGA公头与成品VGA线缆

连接VGA接口的线缆通常有多种规格,不同规格的线芯数不同,对应的功能也不相同,具体可分为:

1)3+2规格:①②③+⑬⑭。

对应接口引脚:红基色、绿基色、蓝基色+行同步、场同步。

功能:用于老式低分辨率信号传输,现已淘汰。

2)3+4规格:①②③+⑬⑭⑩⑪。

对应接口引脚:红基色、绿基色、蓝基色+行同步、场同步、数字地、地址码。

功能:用于普通信号传输,不能检测前端设备状态,如开机等。

3)3+6规格:①②③+⑬⑭⑩④⑪⑫。

对应接口引脚:红基色、绿基色、蓝基色+行同步、场同步、数字地、地址码。

功能:相对于3+4,可以检测前端设备状态,自动检测显示器最佳分辨率,或者做KVM切换器连接线时用。

4)3+9规格:①②③+⑬⑭⑩④⑪⑫⑮⑤⑨。

对应接口引脚:红基色、绿基色、蓝基色+剩余所有。

功能:相对3+4和3+6,3+9主要用于液晶显示器,3+6和3+4用于CRT旧式显示器上。

如果液晶显示器最佳分辨率为1920×1080px,使用3+4以下的线将无法达到最佳显示效果,必须使用3+6或3+9的线才可以正常显示1920×1080px分辨率。如最佳分辨率达到2K以上级别,通常需要使用3+9的线才可以正常使用。

2. DVI接口

DVI(Digital Visual Interface)接口,即数字视频接口。DVI接口外观如图4-7和图4-8所示,主板或显卡上集成的接口为DVI母头。

DVI是一种国际开放的接口标准,在PC、DVD、高清晰电视(HDTV)、高清晰投影仪等设备上有广泛的应用。DVI接口引脚定义见表4-2。

单元4 计算机外部设备

图4-7 DVI接口示意

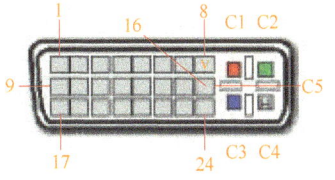

图4-8 DVI接口引脚序号

表4-2 DVI接口引脚定义

引脚	含义	引脚	含义	引脚	含义
①	TMDS数据2−	⑪	TMDS数据1/3屏蔽	㉑	TMDS数据5+
②	TMDS数据2+	⑫	TMDS数据3−	㉒	MDS时钟屏蔽
③	TMDS数据2/4屏蔽	⑬	TMDS数据3+	㉓	TMDS时钟+
④	TMDS数据	⑭	+5V直流电源	㉔	TMDS时钟
⑤	TMDS数据	⑮	接地（+5回路）	C1	模拟红色
⑥	DDC时钟	⑯	热插拔检测	C2	模拟绿色
⑦	DDC数据	⑰	TMDS数据0−	C3	模拟蓝色
⑧	模拟垂直同步	⑱	TMDS数据0+	C4	模拟水平同步
⑨	TMDS数据1−	⑲	TMDS数据0/5屏蔽	C5	模拟接地（RGB回路）
⑩	TMDS数据1+	⑳	TMDS数据5−		

DVI接口3种类型5种规格：

3种类型包括DVI-Analog（DVI-A）接口、DVI-Digital（DVI-D）接口、DVI-Integrated（DVI-I）接口。

5种规格包括DVI-A（12+5）、单连接DVI-D（18+1）、双连接DVI-D（24+1）、单连接DVI-I（18+5）、双连接DVI-I（24+5）。

DVI-A为模拟接口，DVI-D为数字接口，DVI-I有数字接口和模拟接口，目前应用以DVI-D（24+1）为主。各种DVI接口的对比见表4-3。

表4-3 各种DVI接口对比

序号	类型	外观	信号类型	针数	最大分辨率	备注
1	DVI-I单通道		数字/模拟	18+5	1920×1200px，60Hz	可转换VGA
2	DVI-I双通道		数字/模拟	24+5	2560×1600px，60Hz/1920×1080px，120Hz	可转换VGA
3	DVI-D单通道		数字	18+1	1920×1200px，60Hz	不可转换VGA
4	DVI-D双通道		数字	24+1	2560×1600px，60Hz/1920×1080px，120Hz	不可转换VGA
5	DVI-A	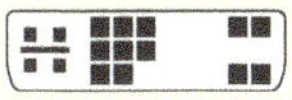	模拟	12+5		已废弃

Mini-DVI接口用于苹果计算机上，它是Mini-VGA接口的数字替代接口，如图4-9所示。

图4-10所示为标准DVI线的线芯示意图，包含了多股线芯与多层屏蔽结构，视频线可以保证良好的画面效果传输。请扫描"图4-10"二维码查看高清彩色图片。

日常使用时，可以采购图4-11所示的两端带有DVI公头的成品线缆。

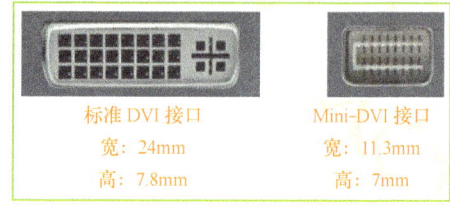

图4-9　标准DVI接口与Mini DVI接口对比

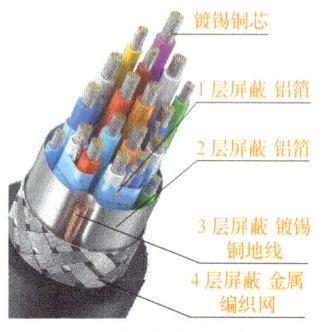

图4-10　DVI线的线芯示意图

图4-11　DVI公头与成品DVI线缆

3. HDMI接口

HDMI（High Definition Multimedia Interface）接口全称为高清晰度多媒体接口，是一种全数字化影像和声音传送接口，它可以同时传送音频和视频信号，如图4-12所示。HDMI可用于机顶盒、DVD播放机、个人计算机、数字音响与电视机等设备，目前是主板上应用的主流显示输出接口。标准的HDMI接口总共有19个引脚，规格为2.8mm×6.4mm，如图4-13所示，主板或显卡上集成的接口为HDMI母头。

图4-12　HDMI接口示意 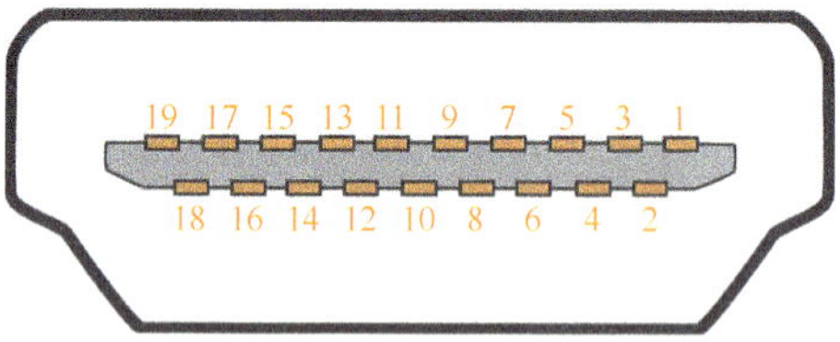　　图4-13　HDMI接口引脚序号

HDMI接口具体引脚定义见表4-4。

表4-4　HDMI接口具体引脚定义

引脚	含义	引脚	含义	引脚	含义
①	Hot Plug Detect	⑧	TMDS Data1−	⑮	CEC
②	Utility	⑨	TMDS Data0+	⑯	DDCICEC Ground
③	TMDS Data2+	⑩	TMDS Data0 Shield	⑰	SCL
④	TMDS Data2 Shield	⑪	TMDS Data0−	⑱	SDA
⑤	TMDS Data2−	⑫	TMDS Clock+	⑲	+5V Power
⑥	TMDS Data1+	⑬	TMDS Clock Shield		
⑦	TMDS Data1 Shield	⑭	TMDS Clock−		

常见的HDMI类型接口分为标准版、迷你版和微型版3种，各类接口对应不同的应用领域，如图4-14所示。

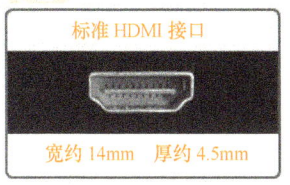
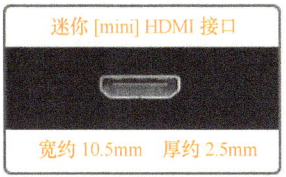
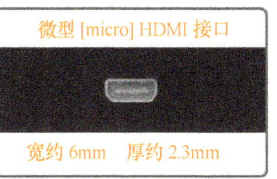

图4-14 三种HDMI接口的对比

图4-15为HDMI线的线芯示意图，包含了多股线芯与多层屏蔽结构，视频线可以保证良好的画面效果传输。请扫描"图4-15"二维码查看高清彩色图片。日常使用时，可以采购图4-16所示的两端带有HDMI公头的成品线缆。

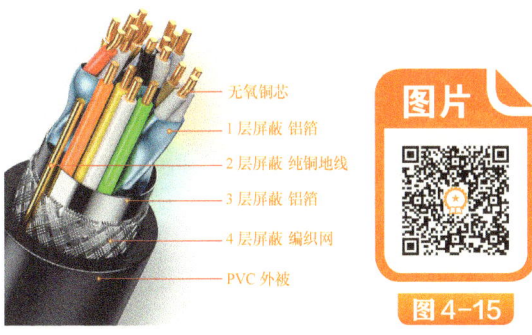
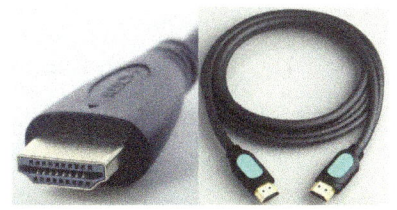

图4-15 HDMI线的线芯示意图　　　图4-16 HDMI公头与成品HDMI线缆

HDMI 2.1让HDMI接口进入新时代，接口带宽陡然增高到48Gbit/s，因此可以支持7680×4320 @ 60Hz（8K @ 60Hz），支持 4K@120Hz。

4．DP接口

DP（Display Port）接口全称为显示接口，共20针，分2排，每排10针，主板或显卡上集成的接口为DP母头，如图4-17和图4-18所示。DP接口可用于视频源与显示器等设备的连接，也支持携带音频、USB和其他形式的数据连接。

图4-17 DP接口示意　　　图4-18 DP接口引脚序号

该接口可以在传输视频信号的同时加入对高清音频信号传输的支持，也支持更高的分辨率和刷新率。DP接口具体引脚定义见表4-5。

表4-5 DP接口具体引脚定义

引脚	含义	引脚	含义	引脚	含义
①	通道0的真实信号	⑧	GND接地	⑮	附属通道的真实信号
②	GND接地	⑨	通道2的辅助信号	⑯	GND接地
③	通道0的辅助信号	⑩	通道3的真实信号	⑰	附属通道的辅助信号
④	通道1的真实信号	⑪	GND接地	⑱	热插拔侦测
⑤	GND接地	⑫	通道3的辅助信号	⑲	接头电源回复
⑥	通道1的辅助信号	⑬	GND接地	⑳	接头电源
⑦	通道2的真实信号	⑭	GND接地		

图4-19为DP线的线芯示意图，包含了多股线芯与多层屏蔽结构。请扫描"**图4-19**"二维码查看高清彩色图片。

日常使用时，可以采购图4-20所示的两端带有DP公头的成品线缆。

图4-19 DP线的线芯示意图　　图4-20 DP公头与成品DP线缆

DP接口除标准全尺寸外，还有一种迷你DP（Mini）版本，接头也是20针，如图4-21所示。

目前DP接口发展到1.4版本，能传输10bit的4K 120Hz视频，也可以支持8K 60Hz视频。DP 1.4兼容USB Type-C接口，这就意味着可以使用DP 1.4协议，在USB 3.1传输数据的同时，同步传输高清视频。

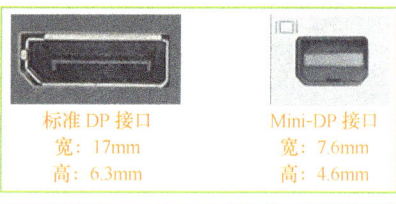

图4-21 标准DP与Mini DP接口对比

在显卡与显示器连接时，为了得到最佳效果，应尽量使用相同的连接接口。VGA是最低的选择，效果没有DVI的好。现在大部分计算机都设有DVI和HDMI接口。如果显卡和显示器上都有HDMI接口或DP接口，应优先选择使用。

当显示器与显卡无法使用相同的接口时，需要使用接口转换器进行连接。使用时注意区分公头和母头。常见的视频接口转换器如图4-22所示。

图4-22 常见的视频接口转换器
a) DVI转VGA　b) HDMI转VGA　c) DP转HDMI/VGA/DVI三合一

4.1.2 音频接口

1. 主板音频接口

计算机系统中的音频接口，具有输入和输出功能，可将计算机、录像机等的音频信号输入进来，通过自带扬声器播放。还可以通过音频输出接口连接功放、外接喇叭。

如图4-23所示，主板的输入/输出接口区通常设置有6个颜色不同的音频接口。

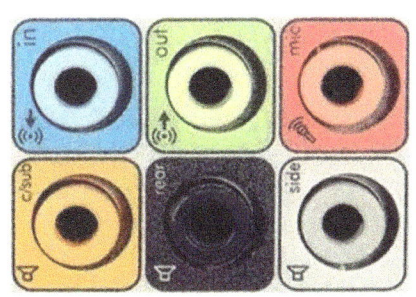

图4-23 主板音频输入/输出接口

各接口主要功能如下：

1）蓝色接口（in）：音频输入口，外部音频设备的线性输出接口可以用双头3.5mm接口插在这上面，用来接收高保真的音频信号、输入到计算机中。

2）绿色接口（out）：音频输出口，通常用于连接耳机、音箱的接口。

3）粉色接口（mic）：麦克风专用口，一般耳麦和麦克风连接这里。

4）橙色接口（c/sub）：中置/低频喇叭接口，在六声道和八声道中使用。

5）黑色接口（rear）：后置环绕喇叭接口，在四声道、六声道和八声道中使用。

6）灰色接口（side）：侧边环绕喇叭接口，仅在八声道中使用。

注意：

1）其中橙色、黑色和灰色接口是多声道环绕音响系统使用，个人计算机使用较少。

2）随着主板的更新换代，其功能也更加丰富强大。很多接口逐渐开始一口多用，其中就包含了可以自定义音频接口功能，例如，用户随意插入一个音频接口，此时声卡驱动会自动弹出一个弹窗，用户可以根据自己选择插入的东西来随意更改接口用途，减少插拔次数，提高接口使用率，非常方便。但需要注意的是，并非所有主板都支持该功能，不同厂商、型号、BIOS的主板功能都不同。

2. 外设音频接口

使用音频外设与计算机主板连接时，需要注意选择相应的接口规格。

（1）TRS接口

计算机主板上的音频接口均为3.5mm接口，是一种TRS模拟音频接口。TRS的含义是Tip（signal）、Ring（signal）、Sleeve（ground），分别代表了这种接头的3个触点，如图4-24所示。

TRS接头外观是圆柱体形状，根据直径大小，通常有三种尺寸：1/4"（6.3mm）、1/8"（3.5mm）、3/32"（2.5mm），其中3.5mm接口最为常见，也是绝大多数耳机的接口尺寸。6.3mm的接头在很多专业设备和高档耳机上比较常见。2.5mm的TRS接头以前在手机耳机上比较流行，目前耳机接口基本被3.5mm接口统一。

图4-24　TRS模拟音频接口

3.5mm音频接头分为3-pole（三段式）和4-pole（四段式）两类，如图4-25所示。

三段式，是计算机耳机、音箱、麦克风的主要接口类型。

四段式的插头有4根线，分别是左声道、右声道、麦克风、公共线，多用于手机耳机。根据线序不同，又分为Standard和OMTP两种型号，两种型号的麦克风与地线的顺序不同，如图4-26所示。

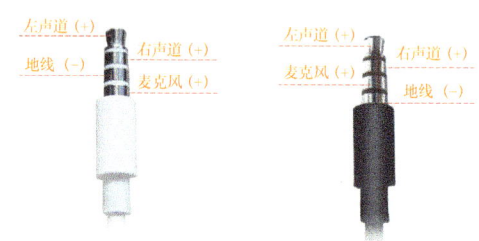

图4-25　三段式接头和四段式接头　　图4-26　国际标准（CTIA）接口和国家标准（OMTP）接口

（2）其他数字接口

计算机上使用的数字音频接口主要是S/PDIF接口。S/PDIF的全称是Sony/Philips Digital Interconnect Format，是索尼与飞利浦公司合作开发的一种民用数字音频接口协议。可用RCA接头（同轴）或用Optical接头（光纤）传输立体声信号，如图4-27所示。请扫描"图4-27"二维码查看高清彩色图片。

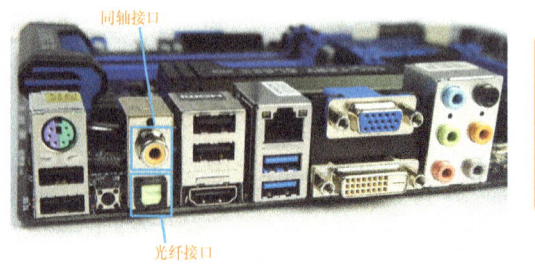

图4-27　主板上的S/PDIF数字接口

同轴电缆的导线、绝缘层、屏蔽层的横截面是同心圆，故名"同轴"，如图4-28所示。

光纤以光脉冲的形式来传输数字信号，带宽高，信号衰减小。光纤插口有圆弧防呆设计，可以无损输出数字信号到计算机外部，大幅度提高听觉体验，连接光纤接口的光纤接头和音频线如图4-29所示。

图4-28 同轴接头与同轴音频线

图4-29 光纤接头与光纤音频线

4.1.3 PS/2接口

PS/2接口如图4-30所示,最早出现在IBM的PS/2的机子上,因而得此名称。这是一种鼠标和键盘专用的6针圆形接口,键盘和鼠标连接时只使用其中的4针传输数据和供电,其余2个为空脚,引脚定义如图4-31和表4-6所示。PS/2接口的传输速率比COM接口稍快一些,是ATX主板的标准接口,主板上集成的接口为PS/2母头。

表4-6 PS/2接口引脚和信号

引脚	信号	引脚	信号
①	数据	④	电源+5V
②	保留	⑤	时钟
③	电源地	⑥	保留

键盘和鼠标一端的PS/2接口为公头,直接接入主板PS/2母头即可。PS/2接口有颜色区分,应按照对应颜色连接,如果主板PS/2接口为绿/紫双色,则可任意连接键盘或鼠标;如果主板PS/2接口为单色,则绿色接口连接鼠标,紫色接口连接键盘,如图4-32所示。

图4-30 PS/2接口外观

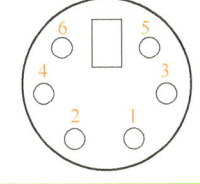

图4-31 PS/2接口引脚

图4-32 鼠标和键盘PS/2连接

4.1.4 USB接口

USB(Universal Serial Bus)接口全称为通用串行总线接口,是一种串口总线标准,也是一种输入/输出接口的技术规范,被广泛地应用于个人计算机和移动设备等信息通信产品。计算机主板上常见的USB接口属于USB母头,如图4-33所示。外接设备上的USB接口属于USB公头,如图4-34所示。

图4-33 主板上的USB母头

图4-34 外设上的USB公头

请扫描"USB知识"二维码，了解和学习USB接口发展历程及其多种类型，学习雷电接口等相关知识。

4.2 计算机外部设备

4.2.1 显示器

显示器属于计算机的一种输出输入设备，它是人机对话与交互的工具和窗口。它可以将电子文件、图片、视频等信息输出到屏幕显示，自带触摸屏的显示器还可以将控制信息输入计算机。请扫描"显示器"二维码，观看配套技能训练指导视频：显示器清洁与维护方法。

1. 显示器的分类

随着显示器技术的不断发展，显示器的种类也越来越多，在个人计算机应用领域常见的显示器主要有CRT显示器和LCD显示器，如图4-35所示。

a）

b）

图4-35 常见的显示器
a）CRT显示器 b）LCD显示器

请扫描"显示器知识"二维码，学习下列显示器知识。

2. 液晶显示器的基本结构

3. 显示器的主要参数和性能

4. 显示器的接口类型

请扫描**"显示类视频"**二维码,观看"显示类故障的检测与维修"视频,进一步了解和熟悉显示器偏色等更多故障检测与维修知识。

4.2.2 鼠标

请扫描**"鼠标清洁"**二维码,观看配套技能训练指导视频:鼠标清洁与维护方法。

鼠标(Mouse)全称为鼠标器,是计算机不可缺少的输入设备之一,也是计算机显示系统纵横坐标定位的指示器,如图4-36所示,鼠标的使用是为了使计算机的操作更加简便快捷,来代替键盘那些烦琐的指令。

图4-36 常用的鼠标

请扫描**"鼠标规范"**二维码,熟悉和学习GB/T 26245—2010《计算机用鼠标器通用规范》。

请扫描**"鼠标知识"**二维码,观看彩色高清照片,学习下列更多鼠标知识。

1. 鼠标的分类
2. 鼠标的基本性能

4.2.3 键盘

请扫描**"键盘清洁"**二维码,观看配套技能训练指导视频:键盘清洁与维护方法。

键盘是计算机的输入设备之一,如图4-37所示。通过键盘输入各种字符、文字、数据和指令。作为人机交互的基本工具,当键盘发生故障时,整个计算机系统将无法正常使用,因此键盘的日常维护尤为重要。

根据GB/T 14081—2010《信息处理用键盘通用规范》的规定:键盘就是在盘芯的基础上,装配上外壳、连接装置而组成的设备。

盘芯分为以下两类:

第一类为带控制电路的盘芯,即在电路板上安装有按键、控制电路、固定座板、

连接器件，如图4-38所示。

图4-37 键盘

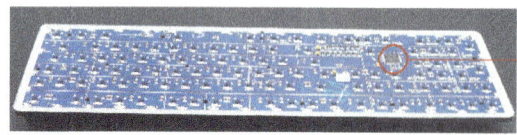

集成控制电路

图4-38 带控制电路的盘芯

第二类是不带控制电路的盘芯，即在电路板上安装有按键、固定座板、连接器件，如图4-39所示。

独立控制电路

图4-39 不带控制电路的盘芯

扫描"**键盘规范**"二维码，熟悉和学习GB/T 14081—2010《信息处理用键盘通用规范》国家标准。

扫描"**键盘知识**"二维码，学习键盘连接方式、按键数量、按键结构等更多知识。

4.2.4 音箱

音箱指可将音频信号变换为声音的一种设备，是计算机的输出设备之一。图4-40和图4-41所示分别为无源音箱和有源音箱产品照片。请扫描"**音箱知识**"二维码，学习音箱分类和主要性能等更多知识。

单元 4　计算机外部设备

图4-40　无源音箱

图4-41　有源音箱

4.2.5　打印机

打印机是一种将计算机处理结果打印在相关介质上的装置，是输出设备之一。

1. 打印机的分类

按打印元件对纸是否有击打动作，分为击打式打印机与非击打式打印机。

按打印字符结构，分为全形字打印机和点阵字符打印机。

按一行字在纸上形成的方式，分为串式打印机与行式打印机。

按所用技术，分为喷墨式、热敏式、激光式、静电式等打印机。

目前常用的打印机主要有三类，分别是：激光打印机、喷墨打印机、针式打印机。

（1）激光打印机

激光打印机是将激光扫描技术和电子照相技术相结合的打印设备，如图4-42所示。

激光打印机打印速度快，黑白文件效果好，稳定性高，长期放置也不容易出问题，基本上不需要维护，只需要更换硒鼓或者粉盒即可。请扫描**"激光打印机"**二维码，观看配套技能训练指导视频：激光打印机的使用与维护。

图4-42　激光打印机

（2）喷墨打印机

喷墨打印机是将彩色液体油墨经喷嘴变成细小微粒喷到印纸上，如图4-43所示。

在打印图像时，打印机喷头快速扫过打印纸，无数喷嘴就会喷出无数的小墨滴，组成图像中的像素。喷墨打印机分辨率高，低端机打印速度相较于激光打印机较慢，高端机价格较为昂贵，打印彩色文件效果好，适合打印照片。请扫描**"喷墨打印机"**二维码，观看配套技能训练指导视频：喷墨打印机的使用与维护。

图4-43　喷墨打印机

77

（3）针式打印机

针式打印机是通过打印头中的24根针击打复写纸从而形成字体，如图4-44所示。

针式打印机在打印时，打印针头弹出，将色带颜色打印到纸张上，打印过程中针头会一直对纸张施加压力，可以使多层复写纸打印出同样的效果，所以除了第一张纸上的字迹来自色带的油墨外，下层纸张也会同时显示出字迹，从而实现多联打印。

请扫描**"针式打印机"**二维码，观看配套技能训练指导视频：针式打印机的使用与维护。

针式打印机在部分领域的应用是其他类型的打印机不能取代的。只有针式打印机是压感式打针，可以在几层纸上留下印痕。在财务系统中针式打印机应用普遍，例如，票据、单据、凭证等，都需要多层穿透复写打印的支持。

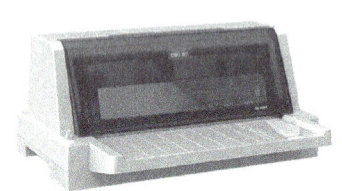

图4-44　针式打印机

（4）标签打印机

标签打印机是专用打印机，运用热转印或热敏原理进行打印。在热转印模式下，通过打印头将碳带上的墨粉附着在铜版纸、哑银纸、不干胶标签等各类打印介质上，完成打印任务；热敏模式下无需碳带，打印头直接加热作用于热敏纸上，即可完成打印。根据应用场景，标签打印机可分为条码标签打印机、线缆标签打印机、线号打印机、标牌打印机、票据打印机等。

1）条码标签打印机。图4-45所示为常见的条码标签打印机。目前主要应用于企业的品牌标识、序列号标识、包装标识、条码标识、信封标签、快递标签、服装吊牌等，如图4-46所示。使用前，请按照产品说明书连接计算机或手机，并且安装专用编辑软件。

请扫描**"条码打印机"**二维码，观看配套技能训练指导视频：条码标签打印机的使用与维护。

图4-45　常见的条码标签打印机

图4-46 标签打印效果（产品标牌、快递单、服饰水洗标）

2）线缆标签打印机。图4-47为线缆标签打印机，常用的线缆标签打印机多为手持式，便于携带，自带输入键盘或者通过手机无线连接远程输入。内置标签带，可快速打印线缆标签，如图4-48所示。目前主要应用于电力和综合布线行业机房、楼宇机房、电气设备、变电室等场所。

请扫描"**线缆打印机**"二维码，观看配套技能训练指导视频：线缆标签打印机的使用与维护。

  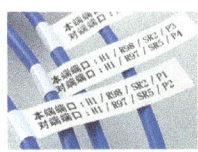  

图4-47 线缆标签打印机　　　图4-48 线缆标签打印效果

3）线号打印机。图4-49所示为线号打印机，又称号码管打印机。一般用于电控、配电、开关设备二次线标识，是电控、配电设备及综合布线工程配线标识的专用设备，可满足电线、电缆区分标志标识的需要，可在PVC套管、热缩套管等介质上打印字符，如图4-50所示。目前广泛应用的是计算机线号机，属于热转印打印机，本身自带键盘和LED显示屏，操作简单、使用方便。

请扫描"**线号打印机**"二维码，观看配套技能训练指导视频：线号打印机的使用与维护。

   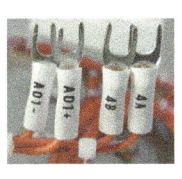 

图4-49 线号打印机　　　图4-50 线号打印效果

2. 打印机的主要性能

1）打印分辨率。打印分辨率是指单位长度上可打印的点数，单位为点/英寸（DPI）。分辨率越高，可显示的像素个数也就越多，可呈现出更多的信息和更好更清晰的图像。如800×600DPI,800表示打印幅面上横向方向显示的点数,600表示纵向方向显示的点数。目前市面主流打印机可达到1200×1200DPI以上分辨率。

2)打印幅面。打印幅面指打印机最大能够支持打印纸张的大小。它的大小是用纸张的规格来标识或是直接用尺寸来标识的。打印机的打印幅面越大,打印的范围越大。

目前主流应用中,打印机的打印幅面主要包括A4幅面以及A3幅面这两种。对于有专业输出要求的打印用户,例如,工程晒图、广告设计等,则需要考虑使用A2或者更大幅面的打印机。

3)打印速度。打印速度是指打印机在单位时间打印文稿的数量。根据打印内容不同,部分打印机又将速度细分为单面打印速度、双面打印速度、黑白打印速度、彩色打印速度等,行业通用的打印速度测试标准为A4标准打印纸,300DPI分辨率,5%覆盖率。在实际打印时,不同的幅面、不同的分辨率、不同的覆盖率,都会影响实际打印的速度。

喷墨打印机、激光打印机打印速度采用ppm计算,即每分钟打印页数(pages per minute)。针式打印机打印速度采用cps计算,即每秒打印字符数(character per second)。目前针式打印机最快速度可达到500cps,喷墨打印机打印黑白文档可达30ppm,激光打印机可达60ppm。

4)打印内存。打印内存是指打印机能存储要打印的数据的存储量。如果内存不足,则每次传输到打印机的数据就很少,如果打印文档容量较大,则可能会出现数据丢失等现象。目前打印机内存一般在2~32MB,更高级的打印机内存可达128MB。

3. 打印机使用说明

1)打印机连接。打印机在使用前,应先做好线路连接。目前打印机的接口应用最广泛的是USB接口(通常为Type-B)和网络接口(通常为RJ-45),如图4-51所示。

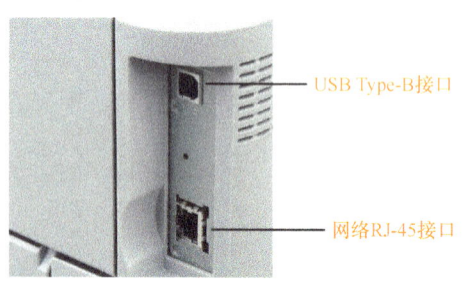

图4-51 打印机接口

USB接口的打印机使用专用的USB数据线连接至计算机,网络接口使用RJ-45接头的网线连接至交换机或路由器。部分打印机内置无线功能,可以在不使用网线的情况下直接连接至无线路由器,或使用手机无线连接打印机,直接发送文件进行打印。

2)安装打印机驱动程序。完成线路连接后,需要安装打印机驱动程序才能正常使用。借助打印机驱动程序,可以使用更多功能,如自定义纸张尺寸、调整文档大小、调整打印质量等。

4. 打印机的日常维护

1）放置平稳，以免打印机晃动而影响打印质量、增加噪声甚至损坏打印机。

2）不应在打印机上放置其他东西，尤其是液体。

3）在拔掉电源线或信号线前应先关闭电源，以免损坏打印机，影响使用寿命。

4）定期维护打印机。应对打印机进行定期的维护操作。一般一个月对外部进行一次清洁，两个月对内部进行一次清洁，可以提高打印机的工作效率和使用寿命。

5）打印机的内部维护。

① 添加耗材。激光打印机使用硒鼓存储固体墨粉作为耗材，墨粉消耗完时，打印文稿会变淡，需要在硒鼓中重新加入墨粉或直接更换硒鼓，如图4-52所示。

喷墨打印机使用墨盒存储液体墨水作为耗材，墨水消耗完时，打印会出现缺色或偏色，可以在墨盒中重新加入对应颜色的油墨或直接更换墨盒，如图4-53所示。

针式打印机使用色带浸染油墨颗粒作为耗材，油墨消耗完时，打印文稿会变淡直至打印空白，必须更换新的色带，如图4-54所示。

图4-52 硒鼓

图4-53 墨盒

图4-54 色带

② 维护搓纸轮。搓纸轮是打印机的传送部分，将纸张从纸槽拖拽到打印机的内部，如图4-55所示。在使用过程中，纸张上的油渍或灰尘会在滚轮上沉淀，长时间不清洗就会导致打印时不进纸或卡纸，这时可以通过清洁搓纸轮来改善打印机的卷纸能力。

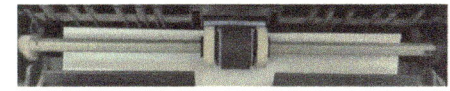
图4-55 搓纸轮

部分品牌的打印机具有自动清洁搓纸轮的功能，通常在打印机自带的工具软件中选择进纸清洁即可，如图4-56所示。对于无自动清洁功能或自动清洁效果不佳时，可使用干燥的无绒布对搓纸轮进行擦拭，污垢较多时可使用无绒布蘸取少量异丙醇进行清洁，如图4-57所示。当搓纸轮使用过久，出现严重磨损时，请及时更换。

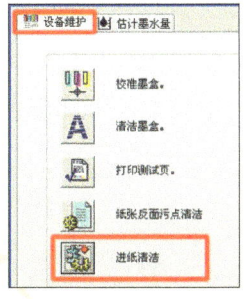
图4-56 进纸清洁

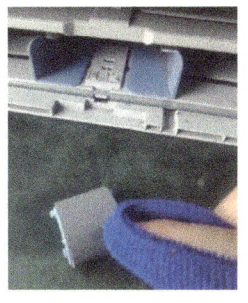
图4-57 擦拭搓纸轮

注意：

许多打印机工作时会使用高热的方法将墨粉或墨水吸附到纸张上，因此禁止对刚完成打印任务的打印机进行内部维护工作，特别是带有温度警告标志的部件。

6）打印机的外部维护。清理打印机外表面时可以使用清洁剂，将清洁剂喷在柔软的抹布上（禁止将清洁剂喷入机器内部），然后用抹布擦拭设备的外表面，也可以向空气出口、风扇通道和纸槽中吹入空气来清除灰尘和污物。

4.2.6 扫描仪

扫描仪是一种捕获影像的装置，利用光电技术和数字处理技术，以扫描方式将图形或图像信息转换为数字信号，使计算机可以显示、编辑、存储和输出。

1. 扫描仪的分类

目前常用的扫描仪有平板式扫描仪和高拍仪等。

1）平板式扫描仪。平板式扫描仪是目前办公应用的主流产品，如图4-58a所示。

2）高拍仪。高拍仪在教学中应用广泛，它具有折叠式的便捷设计，不仅具备一般的扫描功能，通常还可进行拍照、录像、网络传真等，如图4-58b所示。

图4-58 平板式扫描仪和高拍仪
a）平板式扫描仪 b）高拍仪

除此之外，针对一些专用领域，还有滚筒式扫描仪、笔式便携扫描仪、名片扫描仪、照片扫描仪、3D扫描仪等类型。

2. 主要性能

1）光源，对扫描仪而言光源是非常重要的，因为感光器件上所感受到的光线全部来自扫描仪自身的灯管。光源不纯或者偏色，会直接影响到扫描结果。

2）扫描仪分辨率表示对图像细节上的表示能力，决定了扫描仪记录图像的细致度，单位为PPI（Pixels Per Inch）。常见扫描仪的分辨率在300～2400PPI之间。PPI数值越大，扫描的分辨率越高，扫描图像的品质越高。

3）灰度级，表示图像的亮度层次范围。级数越高，扫描仪图像亮度范围越大、层次越丰富。常见扫描仪的灰度级为256级。

3. 使用方法

在使用前需要先进行扫描仪的连接，目前以USB连接为主，连接完成后，安装扫描仪驱动程序。为了更好地使用扫描仪的各种功能，通常要配合图文处理软件来完成扫描图像的编辑工作。

4. 扫描仪的日常维护

在扫描仪的日常使用中，还应掌握一些基本的日常维护知识。

1）不要带电插接扫描仪。安装扫描仪时，必须先关闭计算机，防止烧毁主板。

2）不要让扫描仪工作在灰尘较多的环境之中。如果上面有灰尘，需对扫描仪进行合理的清洁。务必保持扫描仪玻璃的干净和不受损害，因为它直接关系到扫描仪的扫描精度和识别率。为此，一定要在使用后将扫描仪护盖合上。

当长时间不使用时要定期清洁。例如，使用润湿的抹布对扫描仪的外壳进行擦拭。禁止使用有机溶剂来清洁扫描仪，以防损坏扫描仪的外壳以及光学元器件。

3）在扫描仪的使用过程中，不要轻易地改动光学装置的位置，尽量不要有大的振动。遇到扫描仪出现故障时，不要擅自拆修，一定要送到厂家或者指定的维修站。同时在运送扫描仪时，一定要把扫描仪背面的安全锁锁上，以避免改变光学配件的位置。

5. 多功能一体机

在家用和办公环境中，会涉及打印、复印、扫描等多种功能需求，单独采购仪器成本较高，使用也不方便，多功能一体机集成了打印、复印、扫描甚至传真等多种功能，节约成本，使用便捷，如图4-59所示。

图4-59 多功能一体机

中国计算机历史记忆五

FZ-91B型汉字照排控制器

CCF历史记忆认定委员会在2020年认定FZ-91B型汉字照排控制器为第四批"CCF中国计算机历史记忆"。

图4-60所示的FZ-91B型汉字照排控制器是北京大学新技术公司于1991年推出的第五代汉字激光照排系统的核心部件，是新一代电子出版系统的一个里程碑。该系统由北京大学计算机科学技术研究所王选教授设计，北京大学新技术公司生产。1991年3月，北大计算机研究所和北大新技术公司联合推出新一代电子出版系统——"北大方正电子出版系统"，掀起了中国印刷业"告别铅与火、迎来光与电"的技术革命，很快占领全国市场，并出口到海外市场。

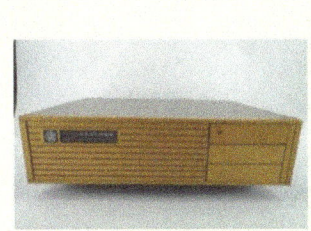

图4-60 FZ-91B型汉字照排控制器和内部板卡

4.3 计算机故障诊断治具

西元计算机故障诊断治具适用于常见的计算机故障排查和故障定位。治具种类共有4种，分别为开关控制器治具、音频诊断治具、COM诊断治具、USB诊断治具，如图4-61所示。下面详细介绍每种诊断治具的功能和使用方法。

图4-61　4种计算机故障诊断治具

a）开关控制器治具　b）音频诊断治具　c）COM诊断治具　d）USB诊断治具

4.3.1 开关控制器治具

开关控制器治具是由1个9针插座，2个微动开关，2个指示灯构成，用于诊断主板电源开关、重启开关、电源工作状态和硬盘工作状态。

开关控制器治具的使用步骤如下：

第一步：关闭计算机电源，将主板移出机箱，放置在操作台面上。

第二步：拔掉连接线。拔掉主板上"JFP1"插座上的连接线，如图4-62所示。

第三步：插入开关控制器治具。将开关控制器治具垂直插入主板"JFP1"插座内，注意该治具的"J1"标识面朝向"JFP1"方向，禁止反方向插入，如图4-63所示。

第四步：按下开关进行开机操作。按下开关控制器治具上的"PWRBIN"电源开关，计算机开机。

此时"PWR"蓝灯亮，则表示计算机通电正常；"HD"红灯闪烁，则说明硬盘工作正常，如图4-64所示。

图4-62　拔掉连接线

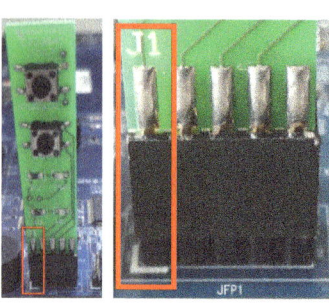
图4-63　插入开关控制器治具

图4-64　主板和硬盘工作正常

除此之外,如果计算机在运行过程中出现死机、蓝屏等故障,则可按下开关控制器治具的"RST"开关,计算机将进入重启状态。

4.3.2 音频诊断治具

音频诊断治具是由1个9针插座,1个音频接头构成,用于诊断主板前面板9针音频插座故障。

音频诊断治具的使用步骤如下:

第一步:关闭计算机电源。

第二步:拔掉连接线。拔掉主板上"F_AUDIO2"插座上的连接线,如图4-65所示。

第三步:插入音频诊断治具。将音频诊断治具插入主板前面板的"F_AUDIO2"插座,如图4-66所示,注意该治具的"J1"标识面,朝向主板的"F_AUDIO2"方向,禁止反方向插入。

图4-65 拔掉连接线

图4-66 插入音频诊断治具

第四步:插入耳机线。将3.5mm的耳机线接头插入诊断治具的音频插孔里。

第五步:打开音频控制器。打开控制面板,在右上角"查看方式"中选择"小图标(S)",如图4-67所示,单击"Realtek高清晰音频管理器",如图4-68所示。佩戴耳机,开始进行音量大小的调节。

注意左右声道均可以正常发声。如果在增大或减小音量后,耳机里的左声道和右声道的音量均有明显变化,则说明主板上"F_AUDIO2"插座正常;若无明显变化,则说明插座存在故障。

图4-67 "查看方式"中选择"小图标(S)"

图4-68 打开音频控制器

4.3.3 COM诊断治具

COM诊断治具是由1个9针插座和1个全信号回路构成,用于诊断主板前面板COM串口9针插座故障。

COM诊断治具的使用步骤如下:

第一步:关掉计算机电源。

第二步:插入COM诊断治具。将COM诊断治具插入主板"COM1"或"COM2"9针插座,如图4-69所示,注意该治具的"J1"标识面,朝向主板的"COM1"或"COM2"方向,禁止反方向插入。

第三步:打开计算机故障自动测试软件并登录。登录后,在左上角"测试(T)"中,单击"选项(S)",然后在弹出的"测试选项"栏中勾选"JCOM1"或"JCOM2"两项,单击"OK"按钮,如图4-70所示,选中的项目变为蓝色。

图4-69 插入COM诊断治具

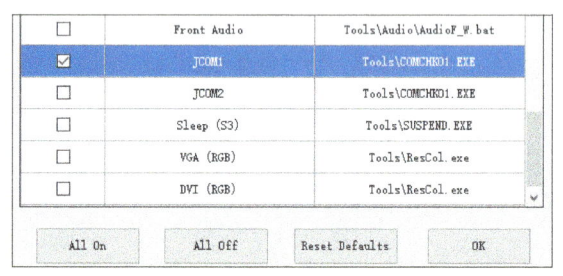

图4-70 勾选"JCOM1"或"JCOM2"测试选项

第四步:软件测试。勾选好待测项目后,单击软件右上角如图4-71所示的"▶"按钮,软件开始测试。

测试结果如图4-72所示,通过选项栏颜色进行显示。绿色说明该插座正常,红色说明该插座故障。

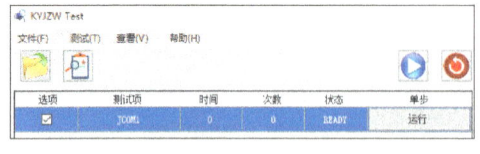

图4-71 单击"▶"按钮开始测试

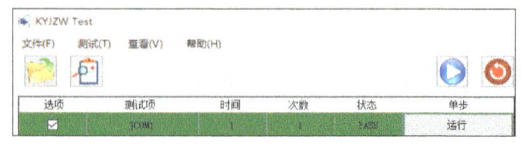

图4-72 测试栏颜色显示

4.3.4 USB诊断治具

USB诊断治具由1个9针插座、1个双层USB接口和1个USB接口测试仪组成,用于诊断USB 2.0和USB 3.0连接状态。

USB诊断治具的使用步骤如下:

第一步:关掉计算机电源。

第二步:拔掉连接线。拔掉主板上"F_USB1"和"F_USB2"插座上的连接线,如图4-73所示。

第三步：插入USB诊断治具。将USB诊断治具插入主板的"F_USB1"或"F_USB2"插座中，如图4-74所示，注意该治具的"J1"标识面，朝向主板的"F_USB1"或"F_USB2"方向，禁止反方向插入。

图4-73 拔掉连接线

图4-74 插入USB诊断治具

第四步：插入USB接口测试仪。在USB诊断治具的上端，插入USB接口测试仪，插入任意1个USB接口即可，如图4-75所示。

第五步：检测故障。打开计算机电源并观察USB接口测试仪的指示灯，如图4-76所示。如果红灯常亮，表示该USB接口正常；如果红灯不亮，表示该USB接口有开路故障。

图4-75 插入USB接口测试仪

图4-76 USB接口测试仪的指示灯

4.4 计算机操作台

4.4.1 常见操作台类型

近年来操作台的种类越来越多，应用也越来越广泛，更方便设备的日常管理和维修。

根据分类要求不同，操作台的种类也各不相同，具体如下：
1）根据材质分为：冷轧钢板、不锈钢、木质、钢化玻璃和吸塑板等。
2）根据功能分为：监控操作台、琴式和平板操作台等，如图4-77所示。
3）根据使用数量可以分为：单联、双联、三联和四联等。

图4-77 常见操作台

a）双联监控操作台 b）双联琴式操作台 c）双联平板操作台

4.4.2 西元计算机装调与维修操作台

西元计算机装调与维修操作台为计算机装配与维修实验室专用操作台，如图4-78所示，全钢组合式结构，彩色外观，外形尺寸为1200mm×600mm×1150mm。

操作台正面　　　　　　　　　　操作台侧面

图4-78 西元计算机装调与维修操作台

该操作台的组成结构包括不锈钢顶板、双层货架、不锈钢台面、柜体（底部安装有万向脚轮）、键盘抽屉，其各部件功能如下：

1）操作台顶部设计有向上折边（15mm）的不锈钢顶板，可放置工具，同时防止工具滑落损坏。另外，不锈钢顶板的左右两侧设有显示器支架安装孔，用于安装显示器固定装置，能够调整显示器高度和左右倾角，方便实训操作。

2）操作台上部两侧设计有双层货架，适合放置小型工具及器材，中间安装有理线环、PDU电源插座、信息插座和计算机维修灯。

3）台面为不锈钢板，配置防静电桌垫，预留多个穿线孔。

4）操作台中间设计有组合式键盘抽屉，既能放置键盘，又能悬挂圆凳，实现桌凳一体化，能够整体移动和快速清洁地面。

5）操作台下部两侧为柜体，上层设计为带锁抽屉，可以保存重要零部件和工具，下层设计为机柜，可以放置机箱和大件器材。

6）操作台底部安装有锁定功能的万向脚轮8个，方便移动。

4.4.3 西元计算机装调与维修操作台安装流程

以上6种部件的安装顺序为柜体、键盘抽屉、不锈钢台面（铺有防静电桌垫）、双层货架、不锈钢顶板，安装工具详见表4-7，使用的螺钉规格详见表4-8。

单元 4　计算机外部设备

表4-7　西元计算机装调与维修操作台安装工具

序号	名称	用途	数量	实物
1	电动起子	用于安装螺钉或自攻钉	1把	
2	尖嘴钳	用于固定螺母、拧紧螺钉	1把	
3	十字螺丝刀	用于安装螺钉或自攻钉	1把	
4	棉布手套	用于保护不锈钢部件表面干净、无污渍	1双	

表4-8　西元计算机装调与维修操作台螺钉规格

序号	名称	型号规格及用途	数量	实物
1	十字圆头螺钉	M6×40，用于连接双层货架、台面和柜体	8个	
		M6×12，用于连接不锈钢顶板和双层货架	8个	
2	平垫	M6，用于增大螺钉与紧固件的接触面积，分散压力，防止损坏紧固件表面	32个	
3	弹垫	M6，用于增大螺母和螺钉之间的摩擦力，使其不易脱落	16个	
4	螺母	M6，配合螺母、平垫和弹垫固定连接设备	16个	
5	自攻钉	M4×15，用于连接柜体、键盘抽屉和不锈钢台面	10个	

西元计算机装调与维修操作台安装步骤如下：

请扫描**"操作台"**二维码，观看配套技能训练指导视频：计算机装调与维修操作台安装。

第一步：拆开柜体包装箱，将两个柜体平放在地面，如图4-79所示。

第二步：取下键盘抽屉包装袋，将键盘抽屉平放在两个柜体内侧，并对准键盘抽屉和柜体折边上的安装孔，如图4-80所示。

图4-79　放置柜体　　　　图4-80　放置键盘抽屉

第三步：拆开不锈钢台面的包装箱，撕掉不锈钢台面上的塑料保护膜，保持不锈钢台面干净、光滑，如图4-81所示。

第四步：将不锈钢台面平放在柜体上，对准不锈钢台面和柜体后部折边上的8个安装孔位置，最后铺上一张防静电桌垫，如图4-82所示。

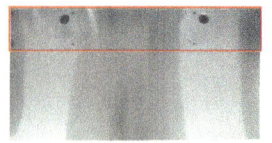

图4-81 撕掉不锈钢台面保护膜

图4-82 放置不锈钢台面和防静电桌垫

第五步：拆开双层货架包装箱，取下双层货架保护袋后，将双层货架垂直放置在操作台上，并对准双层货架和不锈钢台面上的8个安装孔位置，如图4-83所示。

第六步：使用8个M6×40的十字圆头螺钉，自上而下穿过双层货架、不锈钢台面和柜体，确保操作台整体连接稳定牢固，如图4-84所示。注意在安装时，螺钉前端加平垫，螺钉后端加平垫、弹垫。

图4-83 放置双层货架

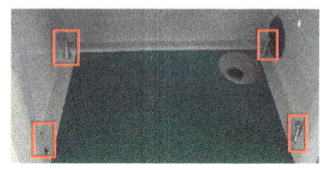

图4-84 连接货架、台面和柜体

第七步：取下不锈钢顶板的保护膜，将其平放在双层货架上端，并对准8个安装孔位置，如图4-85所示。

第八步：使用M6×12的十字圆头螺钉，自上而下穿过不锈钢顶板和双层货架折边，拧紧螺母完成连接，如图4-86所示。注意在安装不锈钢顶板时，螺钉前端加平垫，螺钉后端加平垫、弹垫。

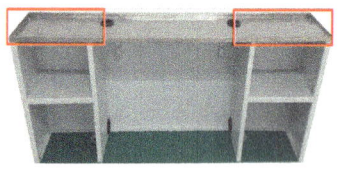

图4-85 放置不锈钢顶板

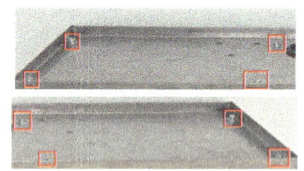

图4-86 固定顶板

第九步：拉出柜体的抽屉，可以看到抽屉外部左右两个侧面分别有一个白色弹簧扣，用左手往下压住弹簧扣，右手往上抬起弹簧扣，两手同时用力向外拉，卸下抽屉，如图4-87和图4-88所示。

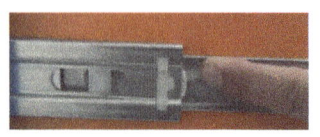

图4-87 卸下柜体抽屉（左）

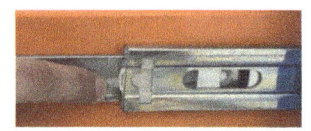

图4-88 卸下柜体抽屉（右）

第十步：将12个M4×20的自攻钉，用电动起子穿过柜体前端折边上的自攻钉安装孔，连接到不锈钢台面底部，如图4-89和图4-90所示，确保整个装置连接稳定牢固。

单元4　计算机外部设备

图4-89　安装自攻钉（左）　　　图4-90　安装自攻钉（右）

注意：

柜体两个外侧折边上各使用3个自攻钉，用于连接柜体和不锈钢台面；柜体两个内侧折边上各使用3个自攻钉，用于连接柜体、键盘抽屉和不锈钢台面。

第十一步：把拉出的柜体抽屉安装回去，抽屉两侧的导轨对准柜体内部的轨道，如图4-91和图4-92所示，对准后从正面推抽屉，抽屉就安装完成了。

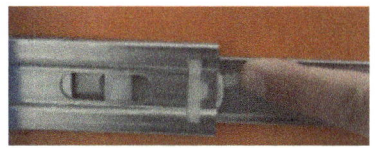
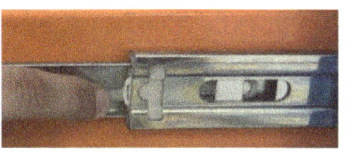

图4-91　安装柜体抽屉（左）　　　图4-92　安装柜体抽屉（右）

4.5　技能训练

4.5.1　互动练习

请扫描"**互动练习**"二维码下载，完成单元4互动练习任务2个。

4.5.2　习题

请扫描"**习题4**"二维码下载，完成单元4习题任务。

4.5.3　显示类故障检测与维修技能训练任务和配套视频

请扫描"**显示故障**"二维码，完成显示类故障的检测与维修技能训练任务。请扫描**“显示类”**二维码，观看显示类故障的检测与维修视频。

文档 显示故障　　视频 显示类

4.5.4　鼠标清洁与维护技能训练任务和配套视频

请扫描**“鼠标清洁”**二维码，完成鼠标清洁与维护技能训练任务。请扫描**“鼠标”**二维码，观看鼠标清洁与维护视频。

文档 鼠标清洁　　视频 鼠标

4.5.5　打印机使用与维护技能训练任务和配套视频

请扫描**“打印机维护”**二维码，完成打印机的使用与维护技能训练任务。根据技能训练任务需要，观看下列视频。

1）**“激光打印机”**二维码为“激光打印机的使用与维护”视频。

2）**“喷墨打印机”**二维码为“喷墨打印机的使用与维护”视频。

3）**“针式打印机”**二维码为“针式打印机的使用与维护”视频。

4）**“条码打印机”**二维码为“条码标签打印机的使用与维护”视频。

5）**“线标打印机”**二维码为“线缆标签打印机的使用与维护”视频。

6）**“线号打印机”**二维码为“线号打印机的使用与维护”视频。

文档 打印机维护　　视频 激光打印机　　视频 喷墨打印机　　视频 针式打印机

视频 条码打印机　　视频 线标打印机　　视频 线号打印机

单元 5
计算机软件系统

完整的计算机由硬件系统和软件系统组成。本单元重点介绍搭建系统软件平台的相关内容，学习BIOS设置、硬盘分区与格式化的意义、方法，对硬盘进行合理规划。熟练掌握操作系统、驱动程序和应用软件的安装方法。

学习目标

★ 熟悉BIOS设置、硬盘分区与格式化的意义和方法
★ 熟悉操作系统和驱动程序的作用及安装原则
★ 熟悉计算机故障自动测试软件的使用方法和功能
★ 通过完成技能训练任务掌握操作系统、驱动程序以及应用软件的安装方法

八卦与二进制的关系

二进制是计算技术中广泛采用的一种数制。在远古时代，人们采用的结绳计数就使用了位权的方法，是典型的二进制的运算规则。《易经》的产生又融入社会科学的意义，将社会活动的状态和意义与二进制的体系、自然科学的体系相融合。《易经》中讲到："太极生两仪，两仪生四象，四象生八卦"。两仪指万事万物一阴一阳两种形态，用一个阴爻一个阳爻来表示，阴爻用中断线"--"或数字"0"表示，阳爻用连线"—"或数字"1"表示。请扫描**"情景案例5"**二维码，阅读更多内容。

情景案例5

5.1 BIOS

BIOS（Basic Input Output System）全称为基本输入输出系统，是一组固化到计算机CMOS芯片（见图5-1）里的程序，包括计算机最重要的基本输入输出程序、开机后自检程序和系统自启动程序，可从CMOS中读写系统设置的具体信息。其主要功能是为计算机提供最底层的、最直接的硬件设置和控制。BIOS是个人计算机启动时加载的第一个软件。

图5-1　CMOS芯片外观

请扫描**"BIOS知识"**二维码，了解和学习BIOS的基本功能和设置的意义。

5.1.1　BIOS的基本功能

BIOS的管理功能包括上电自检程序、BIOS系统设置程序、中断服务程序、BIOS系统启动自举程序。

5.1.2　BIOS设置的意义

BIOS设置的意义主要是记录各硬件配置和参数，同时测试各部件能否正常工作。

5.1.3　CMOS放电的用途和方法

在计算机日常使用过程中，经常出现无法开机、开机黑屏或自动重启的情况，都可以通过重新插拔计算机内部配件或插头来解决。如果插拔硬件不奏效，还可以尝试恢复主板BIOS出厂设置来修复计算机（俗称：给CMOS放电）。常用的CMOS放电方法有以下3种。

1. 使用CMOS放电跳线

目前，大多数主板都设计有CMOS放电跳线，以方便用户进行放电操作。该放电跳线一般为三针或两针，如图5-2所示，位于主板CMOS电池插座附近，跳线插座旁边会有BIOS或者CLRTC的英文标识。

以三针跳线为例，默认状态下，将跳线帽连接在标识为"1"和"2"的针脚上，状态为"Normal"，即正常的使用状态。

使用该跳线来放电，首先用镊子将跳线帽从"1"和"2"针脚上拔出，再套在标识为"2"和"3"的针脚上，此时状态为"Clear BIOS"，即清除BIOS。经过短暂的接触后，就可以清除BIOS内的各种设置，恢复到主板出厂时的默认设置，如图5-3所示。

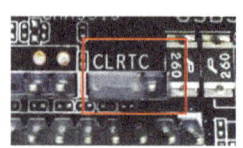

图5-2　CMOS跳线插座（正常状态）　　　图5-3　清除BIOS设置状态

对CMOS放电后，需要再将跳线帽由"2"和"3"针脚上拔出，插入原来的"1"和"2"针脚上。注意，如果没有将跳线帽恢复到"Normal"状态，则无法启动计算机，并会有报警声提示。

注意：

两针跳线插座只需要用金属物体将两个针脚短接，短接时间持续10s左右，即可完成对主板CMOS的放电操作。

2. 取出CMOS电池

对于部分品牌主板，想要对主板CMOS进行放电，但在主板上却找不到CMOS放电的跳线，此时可以将CMOS供电电池取出来，以达到放电的目的。因为CMOS的供电都是由CMOS电池供应的，将电池取出便可切断CMOS电力供应，这样BIOS中自行设置的参数就被清除了。

在主板上，可以看到一个圆形的电池插座（正常时装有电池），如图5-4所示，该插座便是CMOS电池插座。将电池插座上用来卡住供电电池的卡扣压向一边，则CMOS电池会自动弹出，将电池小心取出即可，如图5-5所示。

最后接通主机电源，启动计算机，屏幕上提示BIOS中的数据已被清除，如图5-6所示，需要进入BIOS重新设置。这样便已成功对CMOS放电。

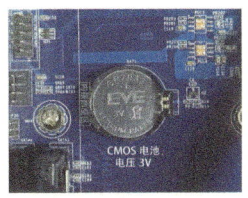  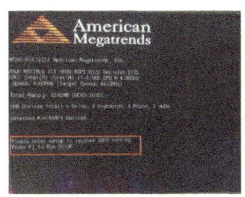

图5-4 CMOS电池插座　　图5-5 CMOS电池插座正负极图　　图5-6 系统提示

3. 短接电池插座的正负极

对于一些主板来说，即使将CMOS供电电池取出很久，也不能达到CMOS放电的目的。遇到这种情况，就需要使用短接电池插座正负极的方法来对CMOS进行放电。

首先将主板上的CMOS供电电池取出，然后使用螺丝刀、镊子等导电工具，短接电池插座上的正极和负极，就能造成短路，如图5-7所示，从而达到CMOS放电的目的。

图5-7 短接电池插座上的正负极

5.1.4 BIOS的分类和功能

1. BIOS的分类

BIOS分为Legacy BIOS和UEFI BIOS两类，或者简称BIOS 和 UEFI。

（1）Legacy BIOS

Legacy BIOS即为传统BIOS，第一次出现是在1975年的CP/M操作系统中。1981

年，IBM推出第一台PC，当时BIOS就是PC的关键部分，硬件的核心采购自Intel，软件操作系统采购自微软，只有BIOS是IBM自己做出来的。

（2）UEFI BIOS

UEFI（Unified Extensible Firmware Interface）全称为统一的可扩展固件接口，是一种个人计算机系统规格，用来定义操作系统与系统固件之间的软件界面，作为BIOS的替代方案。

UEFI的前身是Intel在1998年开始开发的Intel Boot Initiative，后来被重命名为可扩展固件接口（Extensible Firmware Interface，EFI）。

2005年Intel将其交由统一可扩展固件接口论坛（Unified EFI Forum）来推广与发展。为了凸显这一点，EFI也更名为UEFI（Unified EFI）。如今，从智能手机到打印机、笔记本计算机、服务器甚至超级计算机，UEFI技术已经被广泛使用。

EFI/UEFI也叫作EFI/UEFI BIOS，但实际上它们和BIOS本质是不一样的。

UEFI相比传统的BIOS，具有更高的安全性、更高的开发效率和更大的可扩展性，其特有的UEFI启动模式具备更灵活的启动配置，可以支持更大容量的硬盘。

UEFI内核的大部分代码是由Intel的中国工程师开发的。他们也为固件的开源和国产化做出了自己的贡献。

2. BIOS的品牌

全球BIOS厂商并不多，早期的BIOS主要由Award Software、American Megatrends Inc（AMI）和Phoenix Technologies三家公司承包，如图5-8~图5-10所示。

图5-8　Award Software

图5-9　American Megatrends Inc

图5-10　Phoenix Technologies

请扫描"BIOS品牌"二维码，了解和学习BIOS的品牌分类相关知识。

从EFI时代开始，众多国内的公司也开始涉足BIOS行业。典型的代表有系微股份有限公司（Insyde）、中电科技（北京）股份有限公司（ZD-Tech）和南京百敖软件公司（Byosoft），如图5-11~图5-13所示。

图5-11　系微股份有限公司　　图5-12　中电科技（北京）　　图5-13　南京百敖软件公司
　　　　　　　　　　　　　　　　　　股份有限公司

EFI虽然原则上加入了图形驱动，但为了保证和BIOS的良好过渡，多数还是一种类DOS界面，只支持PS/2键盘操作，不支持USB键盘和鼠标。到了UEFI，拥有了完整的图形驱动，无论是PS/2还是USB键盘和鼠标，UEFI都可支持，这使得各个主板厂商可以基于UEFI设计自己的BIOS个性化操作界面。华硕、技嘉、微星的UEFI BIOS操作界面如图5-14～图5-16所示。请扫描"**图5-14**""**图5-15**""**图5-16**"二维码查看高清彩色图片。

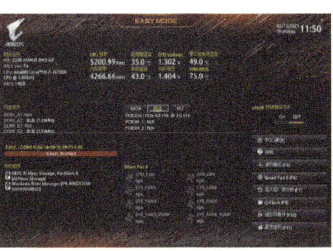

图5-14 华硕UEFI BIOS操作界面　　图5-15 技嘉UEFI BIOS操作界面　　图5-16 微星UEFI BIOS操作界面

3. UEFI启动和Legacy启动

目前，大部分计算机都可采用UEFI启动模式，以适应Windows 8、Windows 10这些新型操作系统，不过Windows 7之前的系统大多不支持UEFI，而是采用Legacy启动模式。这两种启动模式的转换方法，如图5-17所示。

在UEFI BIOS的高级模式中，将操作界面切换到"启动"选项卡，然后在CMS（兼容性支持模块）后的下拉列表中选择"Enable"，即可开启该选项。该选项专为兼容只能在Legacy模式下工作的设备以及不支持或不能完全支持UEFI的操作系统而设置的。

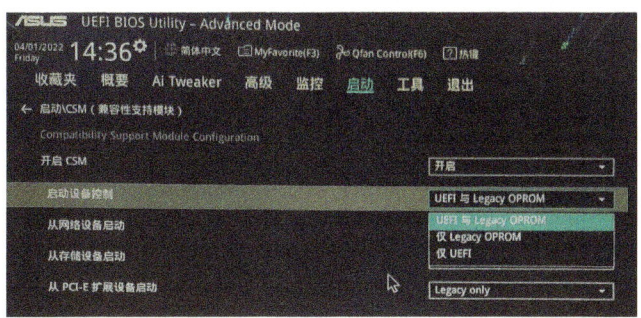

图5-17 打开CMS模块并设置UEFI与Legacy启动模式

从图5-17可以看出，CMS（兼容性支持模块）有三个选项，分别如下：

1) UEFI与Legacy OPROM：具备UEFI与Legacy启动条件的设备启动，UEFI启动优先。

2) 仅Legacy OPROM（Legacy only）：只选择具备Legacy启动条件的设备启动。

3) 仅UEFI（UEFI only）：只选择具备UEFI启动条件的设备启动。

Windows操作系统的启动方式主要有UEFI启动和Legacy启动。传统的主板启动方式只有Legacy模式,其启动顺序如图5-18所示。但由于硬件发展太快,Legacy模式已经无法充分发挥硬件的性能了,而新的UEFI模式的优势则非常明显,从它的启动顺序上可以直观地看出,如图5-19所示。UEFI模式启动运行更加简洁,开机速度较快,拥有良好的开机体验。

图5-18　Legacy启动顺序

图5-19　UEFI启动顺序

除此之外,Legacy启动模式的硬盘分区格式为MBR格式,是旧型号计算机最为常用的模式,它最多只能支持4个主分区,只能控制2TB以内的硬盘。不过,Legacy兼容性很好,32位和64位都可以兼容。

而UEFI启动模式的硬盘分区格式为GPT格式,最多能够支持128个分区,最高能够支持18EB的容量,只支持64位系统,能够很好地防止病毒在引导开机时自行加载。

对于同一个启动介质,可以在"启动"选项卡中进行以上两种启动模式的选择切换,如图5-20所示。

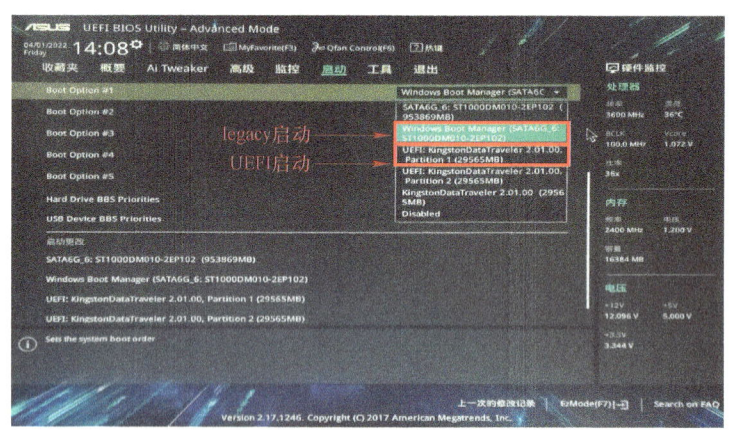

图5-20　选择UEFI启动和Legacy启动

4. 查看BIOS类型

用户可以根据以下步骤查看自己计算机的BIOS版本信息。

第一步:使用快捷键<Win+R>打开运行窗口,输入"msinfo32",单击"确定"按钮,如图5-21所示。

第二步:系统弹出"系统信息"对话框,如图5-22所示。在该对话框里可以看出BIOS的类型。

单元5　计算机软件系统

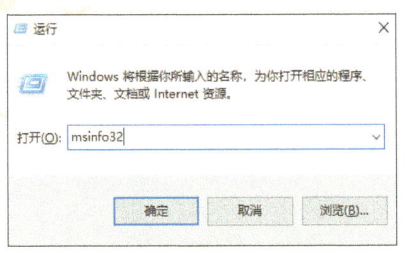

图5-21　打开运行命令　　　图5-22　"系统信息"对话框

请扫描**"BIOS界面"**二维码，了解和学习UEFI BIOS的主界面和高级模式相关知识。

5. UEFI BIOS的主界面简介

目前，使用较为普遍的BIOS系统为UEFI BIOS系统，其主界面的组成主要包括基本信息、CPU风扇信息、系统调整、启动顺序。

6. UEFI BIOS高级模式简介

BIOS进入"高级模式"后，其选项栏包括"收藏夹""概要""Ai Tweaker""高级""监控""启动""工具"和"退出"八大部分。

7. 进入BIOS的不同方法

在启动计算机时进入BIOS设置程序，请在系统自检（Power-On Self Test，POST）时，按下相应按键进入BIOS设置程序，如果Windows已经启动了，则按键无效。

常见的BIOS设置程序的进入方式见表5-1。

表5-1　不同BIOS生产厂商进入BIOS设置的按键

序号	BIOS生产厂商	BIOS类型	进入BIOS设置的按键
1	Award Software	Award BIOS	<Del>
2	AMI	AMI BIOS	<Del>或<ESC>
3	Phoenix	Phoenix BIOS	<F2>
4	UEFI BIOS	UEFI	<Del>或<F12>

注意：

通常计算机开机时，屏幕下方会提示BIOS快捷键。

进入BIOS设置后，在BIOS设置主界面上可用方向键在所需修改的选项间进行移动，选中后按<Enter>键即可进入该选项的设置界面进行具体项目设置。

在选项设置界面，Award BIOS用方向键选择需要改动的项目后，再按<Page Up>或<Page Down>键在参数间进行切换；在AMI BIOS则用方向键和<Enter>键修改所选项目；在UEFI BIOS中可以使用鼠标或方向键和<Enter>键进行项目选择切换。

在实际应用中，有的计算机采用上述方法进入BIOS时却发现无法进入。造成该现

99

象的原因有许多种，其中最常见的原因是Windows 8或Windows 10系统启用了快速启动功能，只要把该功能取消即可。取消的步骤如下：

在控制面板中选择"硬件和声音"→"电源选项"，选择"选择电源按钮的功能"并打开，如图5-23所示，选择"更改当前不可用的设置"并打开，如图5-24所示，在关机设置里取消"启用快速启动（推荐）"功能，并单击"保存修改"按钮，如图5-25所示。完成上述操作后，关闭计算机并重新启动，然后尝试进入BIOS。

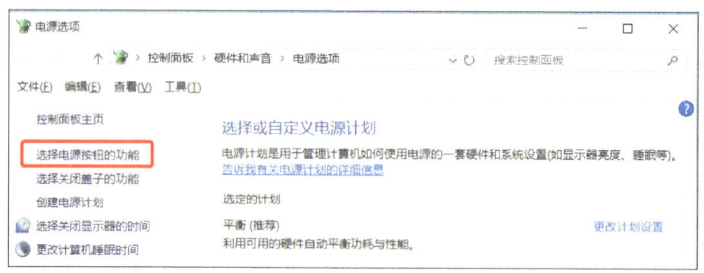

图5-23 打开"选择电源按钮的功能"

图5-24 打开"更改当前不可用的设置"　　图5-25 取消"启用快速启动（推荐）"选项

注意：

以上述方法解决问题后，最好将此选项再改回来，毕竟Windows 10快速启动技术可以让计算机开机时加快速度，节省十几秒时间。

另外，除了取消"启用快速启动"功能外，还可能是因为快捷键失效或键盘故障等问题造成计算机无法进入BIOS，因此需要用户仔细检查，确保硬件设备功能都正常。

8. BIOS更新或升级

当计算机出现严重安全问题或者硬件更新后计算机无法正常使用时，就需要重新更新或升级BIOS来解决问题。下面以华硕主板为例，BIOS的更新可以在BIOS高级模式的"工具"选项卡中进行操作，如图5-26所示，单击"华硕升级BIOS应用程序3"，如图5-27所示，系统会推荐两种更新或升级方法。

单元 5　计算机软件系统

图5-26　BIOS高级模式中"工具"主界面

图5-27　两种升级BIOS的方式

通过存储设备：需要用户自行去主板厂商官网查找需要更新的BIOS文件并下载，然后选择通过Storage Devices方法进行安装。

通过互联网：UEFI BIOS已经内置了网络协议栈，BIOS下计算机是可以访问网络的。因此选择网络安装方式十分简单，只需要确保主板连接网络无误，计算机就可以自动完成更新，用户只需要跟着引导进行操作即可。

注意：

1）所有的BIOS更新文件都是CAP格式。CAP是Capsule的简称，译为"胶囊"，即把CAP格式文件比喻成"胶囊"。

2）BIOS更新期间请不要操作计算机或断电。更新完成后，计算机会重启。

5.2　硬盘分区与格式化

硬盘分区是指将硬盘的整体存储空间划分成多个独立的区域，分别用于操作系统、应用程序以及数据文件等。硬盘必须分区后才能使用，如果不对硬盘进行分区，则操作系统不能识别硬盘，数据管理不便。

一块新生产的硬盘在投入使用前，必须经过三步处理：低级格式化、分区、高级格式化。低级格式化在硬盘出厂时由生产厂家完成，只有分区和高级格式化需要由用户完成。

5.2.1　分区表类型

硬盘使用分区表来保存分区硬盘上的分区信息。分区表是将大表的数据分成称为分区的许多小的子集，划分依据主要是根据其内部属性。新建分区、删除分区、调整分区大小等都会使分区表信息发生改变。倘若硬盘丢失了分区表，数据就无法按顺序读取和写入，导致无法操作。

硬盘分区表有MBR和GPT两种。

1. MBR分区表

MBR（Master Boot Record）全称为主引导记录，在传统硬盘分区模式中，是将分区信息保存到磁盘的第一个扇区（MBR扇区）中的64B中，每个分区项占用16B，存有活动状态标志、文件系统标识、起止柱面号、磁头号、扇区号、隐含扇区数目（4B）、分区总扇区数目（4B）等内容。由于MBR扇区只有64B用于分区表，所以只能记录4个分区的信息。

2. GPT分区表

GPT（Globally Unique Identifier Partition Table）全称为全局唯一标识硬盘分区表，可简称为GUID分区表，是一种由基于计算机中的可扩展固件接口（EFI）使用的磁盘分区架构。GPT格式也是UEFI所使用的硬盘分区格式。

GPT的分区方案比MBR更先进，随着硬盘容量越来越大，传统的MBR分区表已经不能满足需求，MBR分区表最多只能识别2TB左右的空间，大于2TB的容量将无法识别从而导致硬盘空间浪费，而GPT分区表则能够识别2TB以上的硬盘空间。与MBR分区的磁盘不同，至关重要的平台操作数据位于分区，而不是位于非分区或隐藏扇区。另外，GPT分区磁盘有多余的主要及备份分区表来提高分区数据结构的完整性。

引导模式的选择可以在硬盘分区时同步完成，如图5-28所示，只需要在"分区表类型"里勾选MBR或GUID（GPT）模式，即可完成设置。

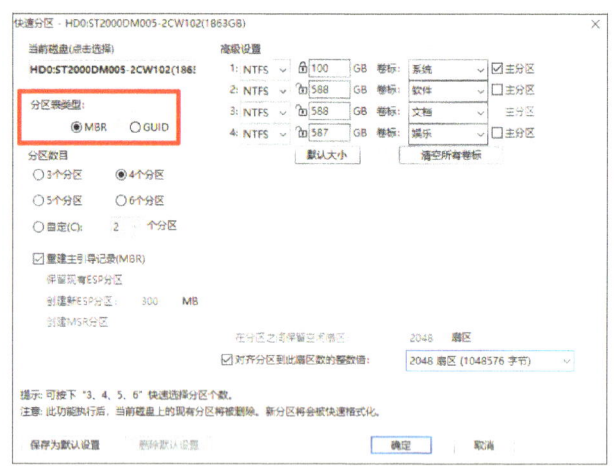

图5-28　MBR和GPT引导模式的设置方法

如果想将MBR分区转成GPT分区，会丢失硬盘内的数据。所以在更改硬盘分区格式之前需要先将硬盘中的数据备份，然后使用Windows自带的磁盘管理功能，或使用DiskGenius分区软件，将硬盘转为GUID（GPT）格式，如图5-29所示。

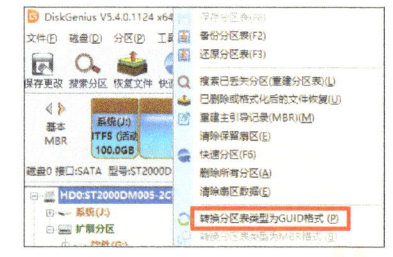

图5-29　转换分区表类型为GUID格式

5.2.2　硬盘分区类型

硬盘以MBR模式分区后，分区类型包括主分区、扩展分区、逻辑分区，如

图5-30所示。

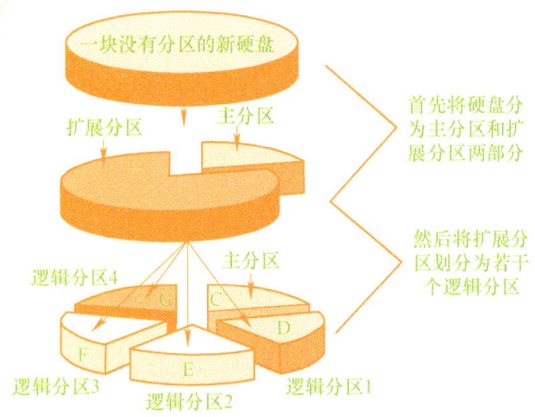

图5-30 主分区、扩展分区、逻辑分区的关系

1. 主分区

主分区包含操作系统启动所需的文件和数据的硬盘分区,要在硬盘上安装操作系统,硬盘必须有一个主分区。受MBR分区表的限制,主分区数量最少有一个,最多有四个。

2. 扩展分区

扩展分区是一个概念,实际在硬盘中是看不到的,用户也无法直接使用。

在实际使用中,四个主分区有时并不能满足用户需求,当用户想要更多的分区时就需要用到扩展分区了。如果硬盘划分了三个以内的主分区,则可以将剩下的硬盘空间划分出一个扩展分区。扩展分区是一种特殊的主分区,不能直接存储数据。

3. 逻辑分区

扩展分区在使用时需要进一步划分逻辑分区,一个扩展分区可以分成若干个逻辑分区,逻辑分区没有个数限制。如图5-31所示,当在MBR分区引导模式下进行硬盘分区时,如确定需要分5个区,则分区类型为3个主分区和2个逻辑分区。

图5-31 磁盘管理中的分区类型

扩展分区和逻辑分区只会出现在MBR分区引导模式下,并且在该模式下,Windows系统最多只支持4个主分区或3个主分区+1个扩展分区(包含若干逻辑分区),且最大只能支持2TB的硬盘。而在GPT引导模式下,所有分区都是主分区,在Windows系统中可以支持最多128个主分区。

5.2.3 卷标和驱动器号

1. 卷标和驱动器号的定义

卷标是硬盘分区的一个标识，不唯一。由格式化自动生成或人为设定，是用来区别于其他硬盘分区的标识。

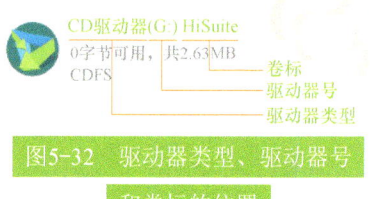

图5-32 驱动器类型、驱动器号和卷标的位置

驱动器号也叫盘符，是硬盘分区后给每个分区分配的编号。例如，C盘、D盘、E盘等。卷标和驱动器号的位置如图5-32所示。

2. 卷标和驱动器号的修改方法

（1）驱动器号的修改方法

在磁盘管理中，选择需要修改驱动器号的硬盘分区并单击鼠标右键，选择"更改驱动器号和路径（C）"并打开，如图5-33所示。

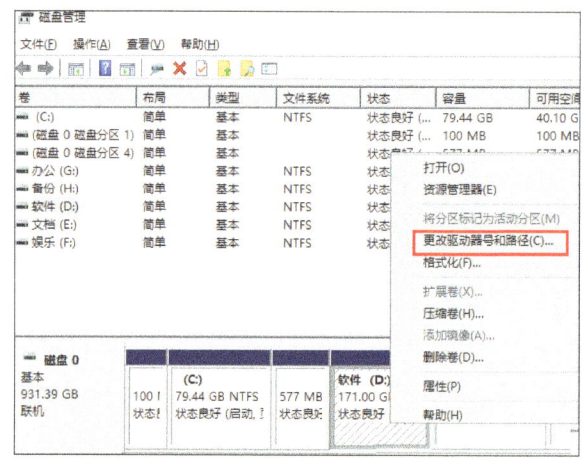

图5-33 选择"更改驱动器号和路径（C）"

在"更改D:（软件）的驱动器号和路径"对话框中单击"更改"按钮，重新选择新的驱动器号，如图5-34和图5-35所示。

图5-34 选择"更改"

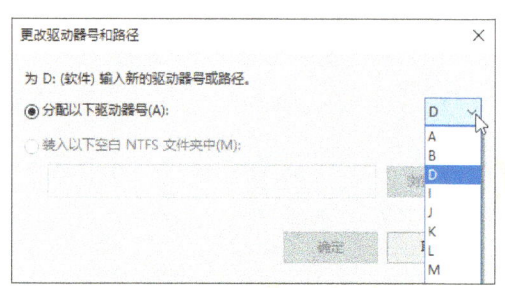

图5-35 选择新的驱动器号并确定

（2）卷标的修改方法

卷标的修改方法比较简单，可以在硬盘分区属性中完成，如图5-36所示。打开硬盘分区属性，在红色方框内输入新的卷标，然后单击"确定"按钮即可完成修改。

5.2.4 分区的作用和方法

硬盘的容量越来越大，说明需要存储的信息越来越多。如何规划和管理好硬盘，确保安全、稳定、高效地使用计算机是摆在每一个用户面前不能回避的问题。解决这一问题的重要方法就是对硬盘进行合理分区。

1. 需要对硬盘进行分区的情况

1）新购买的硬盘：新购买的硬盘在使用前必须先分区，然后进行高级格式化。

图5-36 硬盘分区属性中修改卷标

2）出现特殊情况：因计算机的某种原因（如病毒）或用户操作不慎破坏了硬盘分区信息时，需要对硬盘进行重新分区。

3）存储空间不足：现有盘的分区数量或分区容量不能满足用户使用要求，需要重新分区。

2. 硬盘分区方法

1）使用Windows系统安装程序完成分区/格式化操作。在操作系统安装过程中，有对磁盘进行分区/格式化操作的界面，用户可以根据需要完成相关操作。

2）使用分区工具软件，如Disk Genius、ADDS等，都可以对硬盘进行分区，且分区速度快，甚至可实现无损分区。

3）硬盘分区时，首先将硬盘分为主分区和扩展分区，然后对扩展分区进行划分，分出各个逻辑分区。

5.2.5 硬盘的格式化

扫描**"硬盘格式化"**二维码，了解和学习硬盘格式化的详细知识。

1. 低级格式化

Windows操作系统本身没有提供低级格式化功能。低级格式化操作将完全重写硬盘底层数据，重新给硬盘划分柱面、磁道和扇区，操作耗时较长，并且将销毁硬盘上原有的所有数据，低级格式化销毁的数据很难恢复。每块硬盘在出厂前已经由生产厂商进行过一次低级格式化了，用户拿到手后直接使用即可，没有特殊情况尽量不要尝试进行低级格式化。

2. 高级格式化

高级格式化，又称逻辑格式化，就是在硬盘上设置目录区、文件分配表区，写上系统规定的信息和格式。在硬盘上存放数据时，系统将首先读取这些规定的信息来进行校对，然后才将用户的数据存放到指定的地方。一个仅完成了分区的硬盘仍无法正常使用，若想用它来存储文件，还需要对它进行高级格式化操作。

高级格式化常见的分区格式包括FAT16、FAT32、NTFS以及ext2/3等。

3. 快速格式化

快速格式化是高级格式化的一种，相对于普通格式化而言，它省去了校验数据一环，并假设硬盘中所有的扇区都是可以正确读写的，且不标注坏扇区。它提高了格式化的速度，但牺牲了可靠性。快速格式化的硬盘可以用硬盘检查工具对硬盘进行表面扫描来校验数据，保证数据存取的可靠性。

5.2.6 常见分区格式的转换方法

目前，计算机分区后的主要硬盘格式为FAT32和NTFS两种格式，且这两种格式之间可以相互转换，具体步骤如下。

1. FAT32转NTFS

第一步：在菜单栏打开"运行"程序，或使用快捷键<Win+R>，然后在运行框中输入"cmd"命令，单击"确定"按钮，如图5-37所示。

第二步：输入"convert X:/fs:ntfs"（其中X代表要转换的驱动器号），然后按下<Enter>键即可，注意X前有一个空格，如图5-38所示。

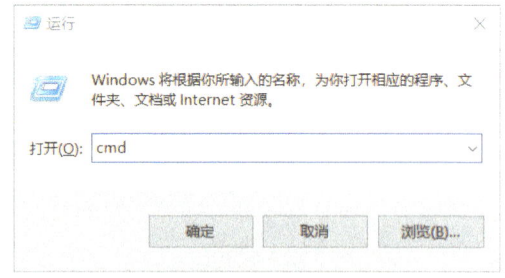

图5-37 "运行"对话框 　　　　图5-38 输入convert j:/fs:ntfs

第三步：如果该驱动器有卷标，系统会要求你输入硬盘分区卷标，然后按下<Enter>键即可完成转换。查看卷标方法：右击选择"硬盘分区"→"属性"→"常规"命令。

注意：

1）该转换方法不会丢失或损坏盘内数据。多适用于32GB以内的U盘或其他存储卡。

2）FAT32是Windows系统硬盘分区格式的一种，在分区时只能创建最大容量为32GB的FAT32格式的文件系统，且不支持大于4GB的单个文件。而现在的硬盘常见容量都在1～2TB之间，如用FAT32进行分区，要分许多区才能完成分区工作。

NTFS支持分区可达2TB，并支持大于4GB的单个文件。现在的Windows操作系统，例如，Windows 10安装好后占用空间可达20～40GB，32GB已经无法满足需要。因此，NTFS已成为当前常见的分区格式。

2. NTFS转FAT32

第一步：打开计算机，右击所需转换格式的硬盘分区，选择"格式化"命令，弹出对话框如图5-39所示。从红框中可以看出当前硬盘分区为NTFS格式。

第二步：单击"文件系统"后的下拉菜单，选择"FAT32（默认）"格式即可完成转换，如图5-40所示。

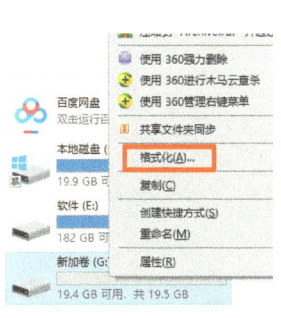

图5-39 格式化对话框

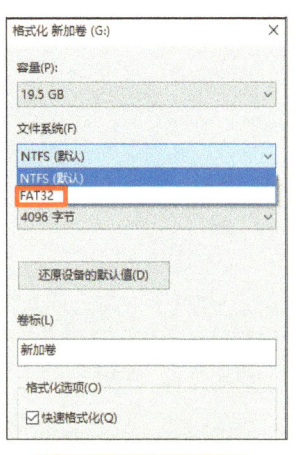

图5-40 文件系统

注意：

该方法会格式化硬盘（U盘）分区内的所有数据，因此在转换前要将硬盘（U盘）内的数据进行备份或另行保存。

5.2.7 ESP分区和MSR分区

1. ESP

ESP（EFI System Partition）全称为EFI（可扩展固件接口）系统分区。ESP是一个独立于操作系统之外的分区，操作系统被引导之后就不再依赖它。ESP分区的用途是存储系统级的维护性的工具和数据。例如，引导管理程序、驱动程序、系统维护工具、系统备份等，甚至可以在ESP里安装一个特殊的操作系统。

2. MSR

MSR（Microsoft Reserved Partition）全称为Microsoft保留分区。该分区是每个在GUID分区表（GPT）上的Windows操作系统（Windows 7以上）都要求的分区。MSR分区的用途是防止将一块GPT硬盘接到老系统（XP系统以下）中，被当作未格式化的空硬盘而继续操作（例如，重新格式化），从而导致硬盘内的数据丢失。但若GPT硬盘上已经有了这个分区，当把它接入XP等老系统时，会提示无法识别硬盘，也无法进一步操作。

除此之外，首先需要明确的是ESP分区和MSR分区只有在UEFI启动+GPT（GUID分区表）硬盘分区时才会出现，而传统（Legacy）启动+MBR硬盘分区时用不到，如图5-41所示。

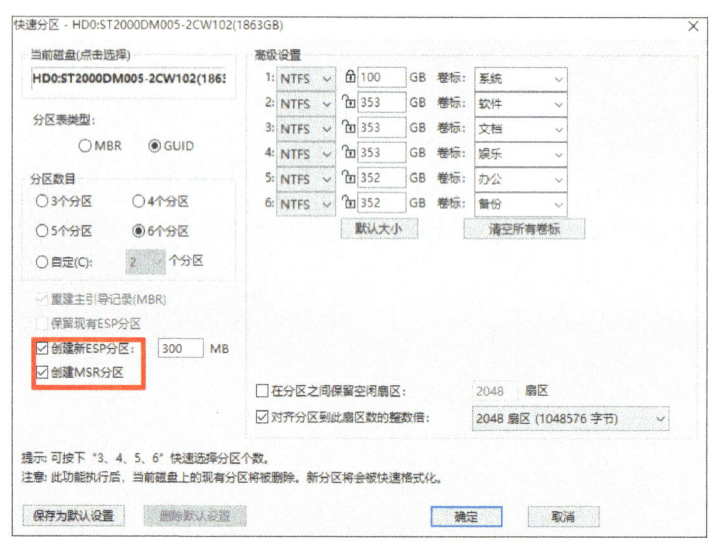

图5-41　ESP分区和MSR分区

在实际使用过程中，如果硬盘是用来安装操作系统的，那么在硬盘分区时，选择GUID分区表类型，则必须勾选"创建新ESP分区"和"创建MSR分区"，否则系统无法正常启动；如果硬盘只用来存储数据，则不用创建这两个分区。

删除ESP分区和MSR分区的方法也十分简单，只需要给硬盘重新进行分区即可。在选择分区引导模式时，有两种情况：第一种选择MBR分区引导模式，则按照正常分区的流程操作；第二种选择GPT（GUID分区表）分区引导模式，取消选中"创建新ESP分区"和"创建MSR分区"，其他按照正常分区的流程操作。

5.3　操作系统

操作系统（Operating System，OS）是系统软件的一部分，它是管理计算机硬件与软件资源的计算机程序，也是硬件和其他软件沟通的桥梁。

请扫描**"操作系统"**二维码，观看配套技能训练指导视频：操作系统安装。

5.3.1 操作系统的作用

1. 主要功能

操作系统需要控制及协调其他程序的运行，如管理与配置内存、决定系统资源供需的优先次序、控制输入/输出设备、操作网络与管理文件系统等基本事务，同时还提供一些基本的服务程序，例如，文件系统、设备驱动程序、用户接口、系统服务程序等。操作系统提供用户与系统交互的操作界面。

2. 功能模块

在计算机操作系统中，通常都设有处理器管理、存储器管理、设备管理、文件管理、作业管理等功能模块，它们相互配合，共同完成操作系统既定的全部功能。

5.3.2 操作系统的分类

计算机的操作系统根据不同的用途分为不同的种类。扫描**"操作系统分类"**二维码，了解和学习各种操作系统的分类方法。

1. 按照功能分类

从功能角度分类，分别有分时操作系统、实时操作系统、批处理操作系统、网络操作系统等。

2. 按照应用领域分类

按照操作系统的应用领域，可分为用于PC端的桌面操作系统、用于大型计算机的服务器操作系统，以及用于各类专有设备的嵌入式操作系统。

3. 按照所支持用户数分类

根据在同一时间使用计算机的用户的多少，操作系统可分为单用户操作系统和多用户操作系统。

4. 按照源代码开放程度分类

按照源代码是否开放，操作系统可分为开源操作系统和闭源操作系统。

（1）开源操作系统

开源操作系统（Open Source Operating System）就是公开源代码的操作系统软件。可以遵循开源协议（GNU）进行使用、编译和再发布。在遵守GNU协议的前提下，任何人都可以免费使用，随意控制软件的运行方式。目前具有代表性的开源操作系统有Linux、FreeBSD。

（2）闭源操作系统

闭源操作系统和开源操作系统相反，指的是不开放源代码的操作系统。目前具有代表性的闭源操作系统有Mac OS X、Windows。

5.3.3 典型操作系统介绍

扫描**"典型操作系统"** 二维码，详细了解各种典型操作系统的相关介绍。

1. UNIX

UNIX是一个强大的多用户、多任务操作系统。它是一种交互式的、具有多道程序处理能力的分时操作系统。

在各种类型的微型机、小型机、中大型计算机，以及在计算机工作站甚至个人计算机上，很多都已配有UNIX系统。

UNIX的源代码为SCO公司所有，属于商业软件，UNIX的商标权由国际开放标准组织所拥有，只有符合单一UNIX规范的UNIX系统才能使用UNIX这个名称，否则只能称为类UNIX（UNIX-like）。

2. Linux

Linux全称GNU/Linux，受到Minix和UNIX思想的启发，是一个基于多用户、多任务、支持多线程和多CPU的操作系统，可免费使用和自由传播，它能运行主要的UNIX工具软件、应用程序和网络协议，是一个性能稳定的多用户网络操作系统。目前，Linux有上百种不同的发行版。它不源于任何版本的UNIX的源代码，属于类UNIX产品。

3. Mac OS

Mac OS是一套运行于苹果Macintosh（简称Mac）系列计算机的操作系统，是基于FreeBSD的操作系统，一般在普通PC上无法安装。Mac OS是首个在商用领域成功的图形用户界面系统。

4. MS-DOS

1980年，蒂姆·帕特森编写出了86-DOS操作系统。1981年7月，微软购得版权，并将它更名为MS-DOS（Microsoft Disk Operating System，微软磁盘操作系统）。

在Windows 95及Windows 98中，MS-DOS系统被捆绑在了Windows系统中。而在Windows XP及以后的版本中，只有"命令行模式"的概念，它只是一个模拟MS-DOS的软件程序。

5. Microsoft Windows

Microsoft Windows是由微软公司研发的操作系统，主要运用于计算机、智能手机等设备，共有桌面操作系统、服务器操作系统、移动操作系统、微系统等多个子系列，是应用较广泛的操作系统之一。

（1）桌面操作系统

Windows桌面操作系统自1983年发布以来，经历了多个不同版本的迭代更新，包括最早进行用户图形界面尝试的Windows 1.0/2.0/3.0，具有全新的图形界面的Windows

95/98/XP，在界面、安全性和驱动集成性上有重大改进的Windows Vista/7/8，以及目前使用广泛的Windows 10/11等。

（2）服务器操作系统

Windows Server是微软推出的Windows服务器操作系统。

Server系列版本包括：Windows Server NT、Windows Server 2003、Windows Server 2008、Windows Server 2012、Windows Server 2016、Windows Server 2019、Windows Server 2022。

（3）移动操作系统

Windows系统针对手持设备的特点进行了多次调整和优化，先后形成了Windows CE、Windows Mobile、Windows Phone、Windows 10 Mobile等移动版本的系统。

Windows 10 Mobile是微软发布的最后一个移动操作系统，已于2019年停止支持。

（4）微系统

此外，Windows还有一种特殊的操作系统，名为Windows PE（Windows预安装环境），是在Windows内核上构建的具有有限服务的小型子系统，俗称"微系统"。Windows PE可以看作简化版的Windows 或 Windows Server，部署在光盘或U盘中。

6. Android与iOS

Android（安卓）是一种基于Linux内核（不包含GNU组件）的自由及开放源代码的操作系统。主要适用于移动设备，如智能手机和平板计算机，由美国Google公司和开放手机联盟领导及开发。

iOS（原名为iPhone OS）是苹果公司为其移动设备所开发的专有移动操作系统，为其公司的许多移动设备提供操作界面，与Mac OS一样，也是一种基于FreeBSD的操作系统。iPhone OS自iOS 4起改名为iOS。

如今市面上移动端操作系统主要以Android和iOS为主，在全球移动操作系统领域占据了99%以上的份额。

7. 鸿蒙

华为鸿蒙系统（HUAWEI Harmony OS）是一款基于微内核的面向全场景的分布式操作系统。它可以支撑各种不同的设备，包括智慧大屏、穿戴、车机、音箱、手表穿戴、手机等，将人、设备、场景有机地联系在一起，使消费者在全场景生活中接触的多种智能终端实现极速发现、极速连接、硬件互助、资源共享，用合适的设备提供场景体验。

5.4 驱动程序

驱动程序（Device Driver）全称为设备驱动程序，是一种可以使计算机和设备通信的特殊程序，相当于硬件的接口，操作系统只有通过这个接口才能控制硬件设

111

备的工作。

请扫描**"驱动程序"**二维码，观看配套技能训练指导视频：驱动程序安装。

5.4.1 驱动程序的作用

驱动程序是直接工作在各种硬件设备上的软件，"驱动"这个名称也十分形象地指明了它的作用。正是通过驱动程序，各种硬件设备才能正常运行，达到既定的工作效果。假如某设备的驱动程序未能正确安装，则不能正常工作。因此，驱动程序在系统中所占的地位十分重要。

从理论上讲，所有的硬件设备都需要安装相应的驱动程序才能正常工作。但CPU、内存、主板、光驱、键盘、显示器等设备不安装驱动程序也可以正常工作，早期的设计人员将这些硬件列为BIOS能直接支持的硬件，可以被BIOS和操作系统直接支持，不再需要安装驱动程序。从这个角度来说，BIOS也是一种驱动程序。但是对于其他硬件，例如，网卡、声卡、显卡等必须安装驱动程序，否则无法正常工作。

目前，在最新的操作系统中会附带很多硬件的通用驱动程序，多数能够自动识别所安装的硬件设备。但这些通用驱动程序大都只能实现硬件的基本功能，而不能将该硬件的全部功能发挥出来，所以在安装完操作系统后，应及时安装各主要硬件的专用驱动程序。

5.4.2 驱动程序的安装

1. 驱动程序的检测

在"我的电脑"图标上右击，选择"属性"命令，然后在"系统"弹出框中选择"设备管理器"标签并单击，如图5-42所示，看到有黄色的"！"标志的设备，如图5-43所示，就表明此设备的驱动程序异常，需要单独安装。

图5-42 打开"设备管理器" 　　　　　图5-43 需要单独安装驱动程序

2. 驱动程序的安装方法

目前，常见的驱动程序安装方法有自动安装、手动安装和设备管理器安装三种。

（1）自动安装

这是目前最常用的安装方法。安装驱动程序时，将厂商提供的驱动程序光盘放入光驱中，安装程序会自动运行，弹出安装界面，这时用户只需在安装向导的指导下

单元 5　计算机软件系统

选择安装。除此之外，还可以使用驱动程序安装软件来安装驱动程序。例如，驱动精灵、驱动人生、360驱动大师、鲁大师等。

（2）手动安装

手动安装主要是用户通过浏览器进入厂家官网，找到与硬件型号相对应的驱动程序进行下载，然后手动查找并运行Setup程序。通常文件夹的名称大多以产品分类名或芯片组名称命名。如Chipset（芯片组）、Audio/AC99（声卡）、Network/Lan（网卡）、nVIDIA331.65（nVIDIA芯片组显卡驱动）。在文件夹内找到并运行Setup程序，即可安装相应硬件的驱动程序。

（3）设备管理器安装

当下载的驱动程序不一定是.exe的可执行文件，而是.sys或.inf等扩展名的文件时，需要使用设备管理器进行安装。

安装方法：右击计算机选择"开始"→"设备管理器"命令，选择未安装驱动程序的图标，右击"更新驱动程序"命令，如图5-44所示。此时会出现两种搜索驱动程序的方法，如图5-45所示，一般先选择"自动搜索更新的驱动程序软件（S）"，若自动搜索无法找到驱动程序文件，再选择"浏览我的计算机以查找驱动程序软件（R）"进行手动搜索。

图5-44　更新驱动程序 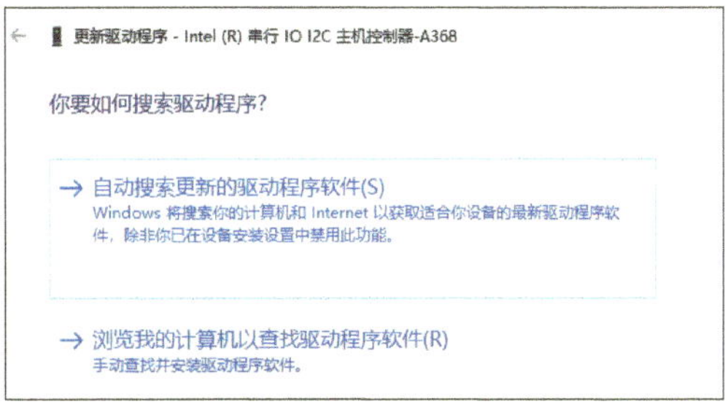　　　　　图5-45　两种搜索驱动程序的方法

5.4.3　驱动程序的安装原则

驱动程序的安装一般是在硬件组装完成并安装好操作系统后进行的。

1. 安装顺序

（1）安装系统补丁

安装完Windows操作系统后，应马上安装系统补丁，以解决系统漏洞。

对于Windows 7以前的操作系统，官方发布过几款补丁合集，称为SP（Service Pack）补丁，如Windows XP系统有SP1、SP2、SP3三个补丁合集；而Windows 7仅发布过一个SP1。此外还有非官方的Windows XP SP4补丁和Windows 7 SP1、SP2补丁供用户下载安装。

自Windows 8之后，微软不再以SP来命名补丁包，也很少再推出补丁合集。

用户可以通过系统自动更新工具Windows Update来进行补丁更新。

(2) 安装驱动程序

安装驱动程序的顺序一般为"由内向外",也就是先安装主板各个设备的驱动程序,再安装内置的设备(如显卡或声卡)的驱动程序,最后安装外围设备(如打印机或扫描仪等)的驱动程序。如果是更新驱动程序,应先卸载旧版本的驱动程序,再安装新版本的驱动程序。

1)安装主板驱动程序。

主板驱动程序通常包括芯片组驱动、总线控制器驱动、集成显卡驱动、集成网卡驱动、集成声卡驱动等。

芯片组驱动主要用来开启主板芯片组内置功能及特性,以体现芯片组的功能特征,例如,PCI和SAPNP服务的支持,对SATA、USB、PCI-E等接口的支持等。

总线控制器驱动又分为sm总线控制器驱动和通用串行总线控制器驱动。

sm总线控制器驱动是Intel主板独有的一种系统驱动。通过一条廉价且功能强大的总线,来控制主板上的设备并收集相应的信息,发挥芯片间数据交换的作用。如果在设备管理器中"sm总线控制器"有异常,则需要单独安装此驱动。

通用串行总线控制器是计算机中的USB控制器,它控制着所有USB接口,当USB接口出现异常时,可能是此驱动程序异常造成的。

主板上集成的声卡、网卡等设备也需要对应的驱动程序,目前大部分主板驱动程序包内置了声卡、网卡等集成设备驱动程序,不需要再单独安装。

2)安装显卡驱动程序。

因为显卡的驱动程序如果没装好会影响到其他任务的状态显示,很可能会造成频繁花屏、蓝屏和死机,所以应该放在声卡和网卡等板卡的驱动程序之前安装。一切正常后再安装打印机等外围设备的驱动程序。

3)安装插接在主板上的独立声卡、网卡等其他设备的驱动程序。

4)安装打印机、扫描仪等外围设备的驱动程序。

2. 获取驱动程序

(1) 驱动程序的版本

在选择驱动程序的版本时,应优先考虑新版本,硬件厂商提供的驱动程序优先于公版的驱动程序。一般来说新版的驱动程序比起旧的要好一些,但不意味着最新的就是最好的,对于比较老旧的硬件来说,要酌情处理。

(2) 配套的安装光盘

一般在购买硬件设备时都会提供配套光盘,这些光盘中就有硬件设备的驱动程序。

(3) 通过网络获取

现在新驱动程序的发布都是通过网络进行的,除了硬件厂商网站外,还可以到专业驱动程序下载网站下载。

3. 驱动程序的备份与还原

在驱动程序安装完成后,还有一个非常重要的工作就是驱动程序的备份。很多用户在计算机发生故障后一般会选择重新安装操作系统，这时如果再一个一个安装驱动程序则十分麻烦。所以应在第一次安装完操作系统后直接备份驱动程序，以便下次可以直接还原使用。

备份驱动程序的最简单方法是使用第三方软件，驱动备份页面如图5-46所示。

下载并安装完成该软件后，可直接打开该软件，并选择"驱动管理"选项，软件会立刻搜索该计算机上的所有驱动程序，搜索结果如图5-46所示。用户只需要单击"开始备份"按钮即可完成所有驱动程序的备份，如图5-47所示。用户可以单击"查看备份路径"确认驱动程序的备份具体位置。注意，驱动程序的备份文件路径不能选在C盘，否则备份就没意义了。

图5-46 驱动大师备份驱动程序的页面

图5-47 驱动程序完成备份

除此之外，驱动程序的还原也十分简单方便，用户只需在该界面选择"驱动还原"选项,如图5-48所示,单击需要还原的驱动程序即可一键还原。

图5-48 驱动程序的还原

5.5 西元计算机故障自动测试软件的使用方法和功能

5.5.1 西元计算机故障自动测试软件的起源

在计算机维修行业中,使用电子焊接技术来维修故障是简单且容易的一步,但在这之前,排查故障和定位故障是维修过程里最复杂耗时的一环。很多时候维修人员只能通过一一测试的传统方法来排查故障,这种做法不仅费时费力,还经常无法准确地找到故障点。为了快速有效地找到故障点,2010年西元开始收集和积累资料,在2019年西元组织从业20多年的资深专业维修工程师团队,专门研发了一款用于检测计算机故障的自动测试软件,即西元计算机故障自动测试软件。

西元计算机故障自动测试软件是一套完整的定位故障与排除故障的软件,从最初的输入个人账号信息与主板ISN编号进行软件登录,到开始测试故障项目,最后测试完成后自动生成与个人账号和主板ISN编号一一对应的测试报告。这一过程能够全面、快速地排查出故障原因,并精准地定位故障位置,这样一来将大大节省维修时间,同时也大幅度提高了维修效率。

该软件将改变计算机维修行业的业务流程,能够大幅度提高维修效率,保证维修质量,减少纠纷与投诉。例如,收到用户送修产品时,首先使用专门的计算机故障自动测试软件,对送修计算机进行故障自动测试和分析,出具故障报告,由用户签字确认。即使无法启动的故障计算机,也可以使用专门的治具开启进行故障自动测试。维修完毕提交维修后测试报告,只有绿色"PASS"表示通过,说明计算机维修合格。

5.5.2 西元计算机故障自动测试软件的界面介绍

西元计算机故障自动测试软件的快捷图标如图5-49所示，为"KYZJW Test"，该软件具有两个主界面，一个是打开软件后的登录界面，如图5-50所示；另一个是登录后的故障测试界面，如图5-51所示。请扫描"图5-51"二维码查看高清彩色图片。

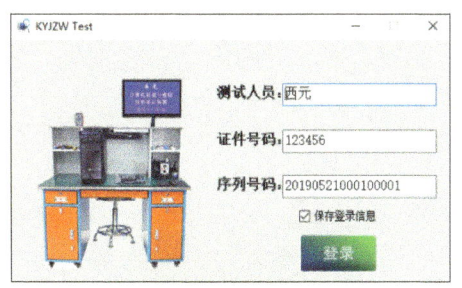

图5-49　快捷图标　　　　　图5-50　登录界面

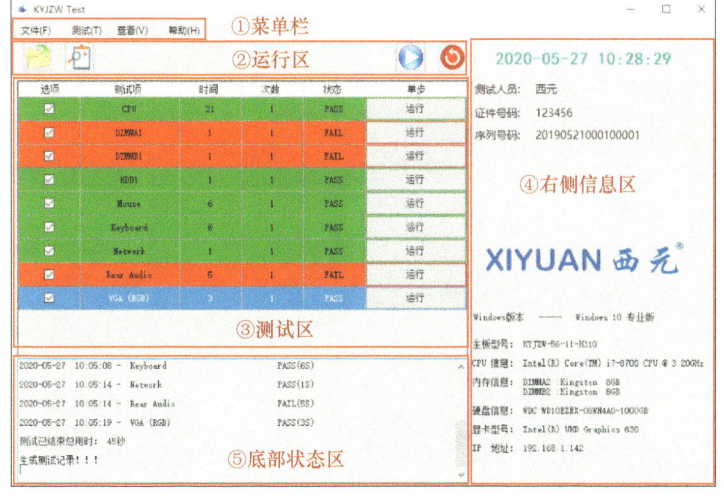

图5-51　计算机故障自动测试软件测试界面

1. 登录界面

软件登录界面由"测试人员""证件号码"和"序列号码"三个部分组成。

1）"测试人员"栏输入姓名。

2）"证件号码"栏可输入工号、学号或身份证号码等阿拉伯数字信息，至少3位，可包含大小写英文字母。

3）"序列号码"栏输入该计算机主板的ISN编号，固定位数为17位。

2. 测试界面

软件测试界面由"菜单栏""运行区""测试区""右侧信息区"和"底部状态区"五个部分组成。

1)"菜单栏"分别是"文件（F）""测试（T）""查看（V）""帮助（H）"。

2)"运行区"分别是"打开报告""查看报告""开始/暂停""重置"四个按钮图标。

3)"测试区"分别是"选项""测试项""时间""次数""状态"和"单步"。

4)"右侧信息区"分别是"实时日期信息""测试人员及主板信息"和"设备信息"。

5)"底部状态区"可直观显示每一种故障的测试结果和测试时间，并提示"生成测试记录！！！"。

5.5.3 西元计算机故障自动测试软件的故障测试流程

西元计算机故障自动测试软件操作简单，为维修人员提供了快捷有效的方法，具体测试流程如下：

第一步：关闭计算机电源。

第二步：拔掉主板"JFP1"插座上的连接线，如图5-52所示，将主板移至机箱外，进行故障设置。

第三步：将待测主板设置为故障状态。将选定的故障点（插针）上的跳线帽从1、2引脚拔下，插到2、3引脚上，如图5-53所示。

第四步：插入开关控制器治具。将开关控制器治具垂直插入主板"JFP1"插座内，注意该治具的"J1"标识面朝向"JFP1"方向，禁止反方向插入，如图5-54所示。

图5-52 拔掉连接线　　图5-53 将待测主板设置为故障状态　　图5-54 插入开关控制器治具

第五步：插入合适的诊断治具。根据要测试的故障项目选择相应的诊断治具插入主板上，辅助软件完成计算机故障测试。

例如，音频诊断治具，可诊断前面板音频9针插座故障和后面板5个音频接口故障，故障编码为F10、F11、F12；USB诊断治具和USB接口测试仪可诊断USB 2.0和USB 3.0接口故障，故障代码为F18_1、F18_2；COM诊断治具可诊断主板前面板2个COM 9针插座故障，故障编码为F19。

除以上故障编码外，其他故障在测试时均不必使用诊断治具，直接在主板上完成故障设置，然后进行下一步操作即可。

第六步：开机。按下开关控制器治具上的"PWRBIN"开关，进行开机操作。

第七步：打开软件并登录。选择桌面上的"KYJZW Test"软件图标，单击打开软件并登录。

第八步：选择待测故障项目。在测试界面菜单栏"测试（T）"中，单击"选项（S）"命令，如图5-55所示；然后在"选项"栏单击勾选需要测试的项目；最后单击"OK"按钮，如图5-56所示。

第九步：开始测试并查看测试报告。单击软件运行区的"▶"图标，软件开始测试已选中的待测项目，并在测试完成后自动生成测试报告，如图5-57所示。单击软件运行区左上角的"📋"图标，打开测试报告，查看故障测试结果。

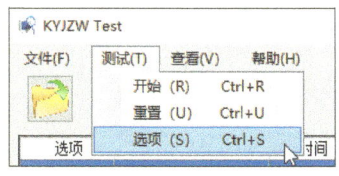

图5-55 选择"选项"界面

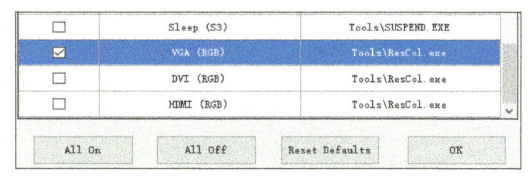

图5-56 单击勾选需要测试的项目

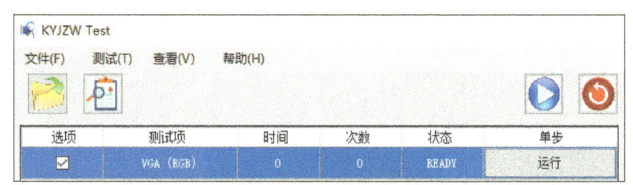

图5-57 开始测试

第十步：关机后恢复故障。关掉计算机电源，拔下所有诊断治具，还原故障点为未设置故障之前的状态（即将选定的故障点上的跳线帽从2、3引脚拔下，重新插入1、2引脚），然后将所有拔掉的连接线重新插回主板，最后计算机开机。

第十一步：查看测试报告。单击软件运行区的"▶"图标，重新测试。测试完成后，再单击软件运行区左上角的"📋"图标，打开测试报告，查看测试结果。

5.5.4 西元计算机故障自动测试软件的主要功能

西元计算机故障自动测试软件除了界面美观丰富，测试流程简单易上手之外，其功能十分强大，具有如下5项主要功能：

1）能够测试13类33种常见计算机故障，分别是内存测试、COM口测试、鼠标测试、键盘测试、VGA测试、DVI测试、HDMI测试、网络测试、音频测试、CPU测试、硬盘测试、USB测试、睡眠测试。

2）具有测试人员姓名、证件号和主板ISN编号登录功能。登录后的个人信息即能与测试界面右侧信息区同步，也能与测试报告封面同步，方便老师进行教学和考核。

3）自由选择故障进行测试。

4）自动显示故障信息，绿色"PASS"表示通过；红色"FAIL"表示失败，直观地将测试结果展现出来。

5）自动生成故障测试报告，方便老师对学生进行管理和考核。

5.6 技能训练

5.6.1 互动练习

请扫描**“互动练习”**二维码下载，完成单元5互动练习任务2个。

文档 互动练习

5.6.2 习题

请扫描**“习题5”**二维码下载，完成单元5习题任务。

文档 习题5

5.6.3 操作系统安装技能训练任务和配套视频

请扫描**“操作系统安装”**二维码，完成操作系统安装技能训练任务。请扫描**“操作系统”**二维码，观看操作系统安装视频。

5.6.4 驱动程序安装技能训练任务和配套视频

请扫描**“驱动程序安装”**二维码，完成驱动程序安装技能训练任务。请扫描**“驱动程序”**二维码，观看驱动程序安装视频。

5.6.5 应用软件安装与卸载技能训练任务和配套视频

请扫描**“应用软件安装”**二维码，完成应用软件安装与卸载技能训练任务。请扫描**“应用软件”**二维码，观看应用软件安装与卸载视频。

文档 操作系统安装

视频 操作系统

文档 驱动程序安装

视频 驱动程序

文档 应用软件安装

视频 应用软件

单元 6
计算机系统维护

本单元讲解常用的操作系统维护方法与原则,包括系统软件和个人数据的维护备份方法、系统实用维护技术、各种常用工具软件的分类使用以及计算机网络设置与维护等相关内容。

学习目标

 了解系统备份与数据备份,掌握系统备份与还原的基本方法
 掌握Windows系统中的常用维护工具的使用方法
 熟悉常用的工具和软件
 掌握网络设置与检测的基本方法

熊猫烧香

2006年,25岁的李某编写了一款拥有自动传播、自动感染硬盘能力和强大的破坏能力的病毒,因被感染的用户系统中所有.exe可执行文件全部被改成熊猫举着三根香的模样,这款病毒被称为"熊猫烧香"。仅仅两个月的时间,"熊猫烧香"肆虐整个中文互联网世界,感染无数门户网站,全国上百万个人用户、网吧及企业局域网用户遭受感染和破坏。2007年9月,仙桃市人民法院判处李某有期徒刑四年,并没收全部违法所得。请扫描**"情景案例6"** 二维码,阅读更多内容。

情景案例6

6.1 备份与还原

6.1.1 备份的概念

备份是指为防止系统出现操作失误或系统故障导致数据丢失,而将全部或部分数据集合从应用主机的硬盘或阵列复制到其他存储介质的过程。一旦发生灾难或错误操作时,可以方便及时地恢复系统的有效数据和正常运作。

备份是容灾的基础,主要用于后备支援,替补使用。在计算机中,备份的内容包

括系统备份和数据备份。

1）系统备份：用户操作系统因磁盘损伤或损坏、计算机病毒或人为误删除等原因造成的系统文件丢失，从而造成计算机操作系统不能正常引导，因此使用系统备份，将操作系统事先储存起来，用于故障后的后备支援。

2）数据备份：用户将数据包括文件、数据库、应用程序等储存起来，用于数据恢复时使用。

6.1.2 备份的种类

常用的备份方式有完全备份、增量备份以及差异备份三种。

1. 完全备份（Full Backup）

完全备份是指对某一个时间点上的所有数据或应用进行的一个完全复制。

完全备份的好处是数据恢复方便，因为所有数据都在同一个备份中，所以只要恢复完全备份，所有的数据都会被恢复。如果完全备份的是整块硬盘，那么甚至不需要数据恢复，只要把备份硬盘安装上，服务器就会恢复正常。

但是完全备份的缺点也很明显，那就是需要备份的数据量较大，备份时间较长，占用的空间较大，所以完全备份不可能每天执行。

2. 增量备份（Incremental Backup）

完全备份随着数据量的加大，备份耗费的时间和占用的空间会越来越多，所以完全备份不会也不能每天进行，这时增量备份的作用就体现出来了。

增量备份是指在一次全备份或上一次增量备份后，以后每次的备份只须备份与前一次相比增加或被修改的文件。这就意味着，第一次增量备份的对象是进行全备份后所产生的增加和修改的文件；第二次增量备份的对象是进行第一次增量备份后所产生的增加和修改的文件，以此类推。

这种备份方式最显著的优点是：每次需要备份的数据较少、耗时较短、占用的空间较小。缺点是数据恢复比较麻烦，当进行数据恢复时，就要先恢复完全备份的数据，再依次恢复第一次增量备份的数据、第二次增量备份的数据直至最后一次增量备份的数据，最终才能恢复所有的数据。

3. 差异备份（Differential Backup）

差异备份也要先进行一次完全备份，但是和增量备份不同的是，每次差异备份都备份和原始的完全备份不同的数据。差异备份每次备份的参照物都是原始的完全备份，而不是上一次的差异备份。

相比较而言，差异备份既不像完全备份一样把所有数据都进行备份，也不像增量备份在进行数据恢复时那么麻烦，只要先恢复完全备份的数据，再恢复差异备份的数据即可。不过，随着时间的增加，和完全备份相比，变动的数据越来越多，那么差异备份也可能会变得数据量庞大、备份速度缓慢、占用空间较大。

三种备份方式的比较如图6-1所示。

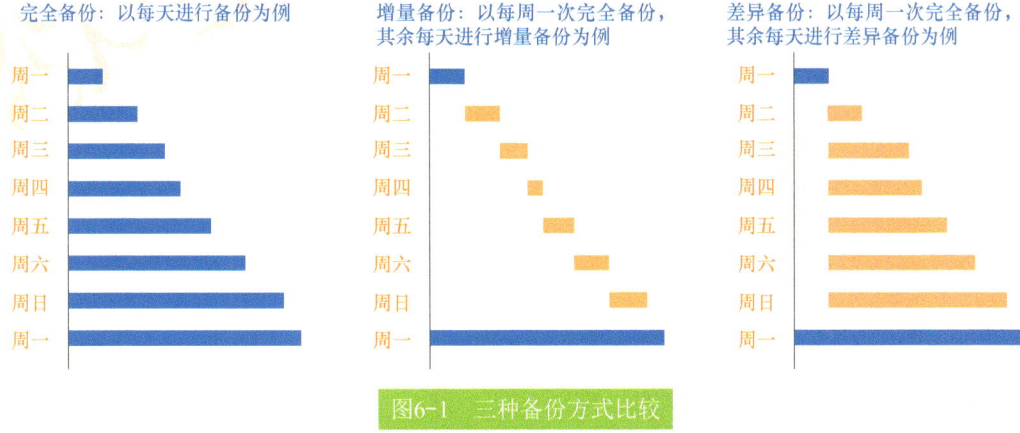

图6-1　三种备份方式比较

此外，根据备份时系统的状态，还可以分为冷备份与热备份。

冷备份是指系统处于停机或维护状态下的备份。这种情况下，备份的数据与系统中此时段的数据完全一致。

热备份是指系统处于正常运转状态下的备份。这种情况下，由于系统中的数据可能随时在更新，备份的数据相对于系统的真实数据可能有一定滞后。

6.1.3　系统备份

请扫描"**系统备份**"二维码，观看配套技能训练指导视频：系统备份与还原。

不同的系统可采用的备份方式不尽相同，以常用的Windows系统为例，主要的备份方式如下。

1. 系统自带备份

在Windows各个版本的操作系统中，均自带备份功能，可以直接在系统中进行备份与还原，如图6-2所示。

2. 使用第三方软件工具备份

Ghost软件是一款备份还原工具，可以实现FAT16、FAT32、NTFS、OS2等多种硬盘分区格式的分区及硬盘的备份还原，俗称

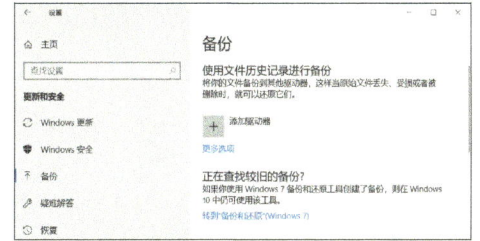

图6-2　Windows自带备份工具

克隆软件，通常用于操作系统的备份，在系统不能正常启动的时候可进行恢复操作。

Ghost软件可将系统分区或整个硬盘直接备份到一个扩展名为.gho的镜像文件（或称为映像文件）里，将镜像文件写入启动U盘或光盘中，用启动盘进入DOS环境或PE系统后，即可进行系统还原操作。

Ghost软件的界面如图6-3所示。请扫描"**图6-3**"二维码查看高清彩色图片。

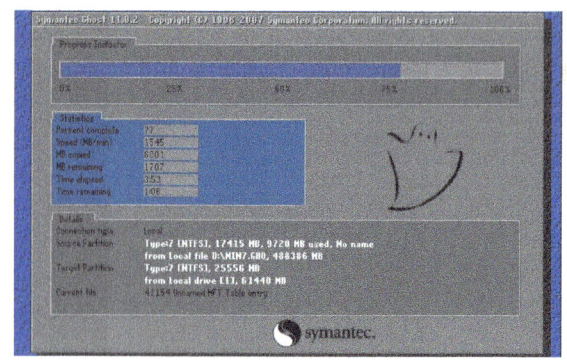

图6-3　Ghost软件界面

Ghost系统是指用Ghost软件在装好的操作系统中进行镜像备份的系统。Ghost系统的主要优点是方便快捷，通过一键分区、一键装系统、自动装驱动、一键设定分辨率、一键填IP、一键Ghost备份（恢复）等一系列手段，使安装系统花费的时间缩至最短，极大提高了工作效率。

使用Windows自带工具进行系统备份是以完全备份的方式进行的，如果要进行增量备份与差异备份，必须使用其他第三方工具进行备份，如图6-4所示。

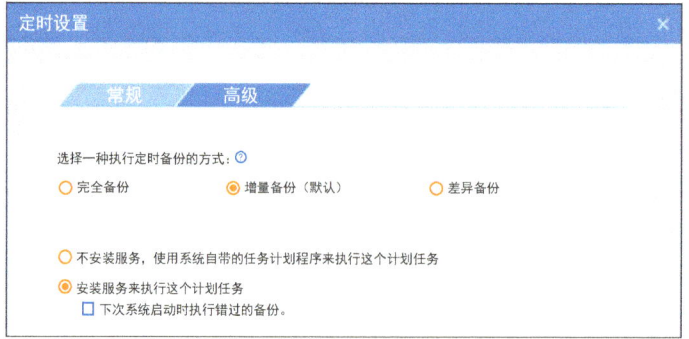

图6-4　增量备份与差异备份

6.1.4　数据备份

1. 数据的概念

这里的数据一般指计算机中的个人数据，个人数据没有严格的定义，凡是经过耗费人力物力搜集、建立、整理得来的数据，都可以看作个人数据。对于不易重建或恢复的个人数据，都应该用相应的方法与手段建立相应的备份。例如，公司的各种报表、数据库、源程序，个人的文件、书稿、电子邮件、照片等。

2. 个人数据的备份方法

在进行个人数据备份时，有多种方法可选择。

（1）备份到本地介质

手工备份数据：自己可以不定期将重要数据复制一份到备份介质上。可以用于备

单元 6　计算机系统维护

份的介质有很多，如本地硬盘、移动硬盘、U盘、光盘、家用NAS等。

专业工具软件：通过专业的备份软件工具自动、定期保存到备份介质上，如Acronis True Image。

（2）备份到云端产品

手机号码、短信可以通过手机同步助手等软件备份；手机、计算机上的照片、视频、文档等可以备份到iCloud、百度网盘、Onedrive等云存储或网盘。

3. 数据备份原则

最简单有效的数据备份原则就是"3-2-1"黄金备份法则。

请扫描**"黄金备份法则"**二维码，了解和学习"3-2-1"黄金备份法则的详细内容。

6.2　系统维护技术

本节以Windows 10为例，介绍Windows系统中常用的系统设置。

6.2.1　控制面板

控制面板（Control Panel）是Windows图形用户界面的一部分，可通过开始菜单访问。它允许用户查看并更改基本的系统设置，比如添加/删除软件、控制用户账户、更改辅助功能选项。

控制面板界面如图6-5和图6-6所示。可单击界面右上角的"查看方式"切换查看所有控制面板项或按类别查看。

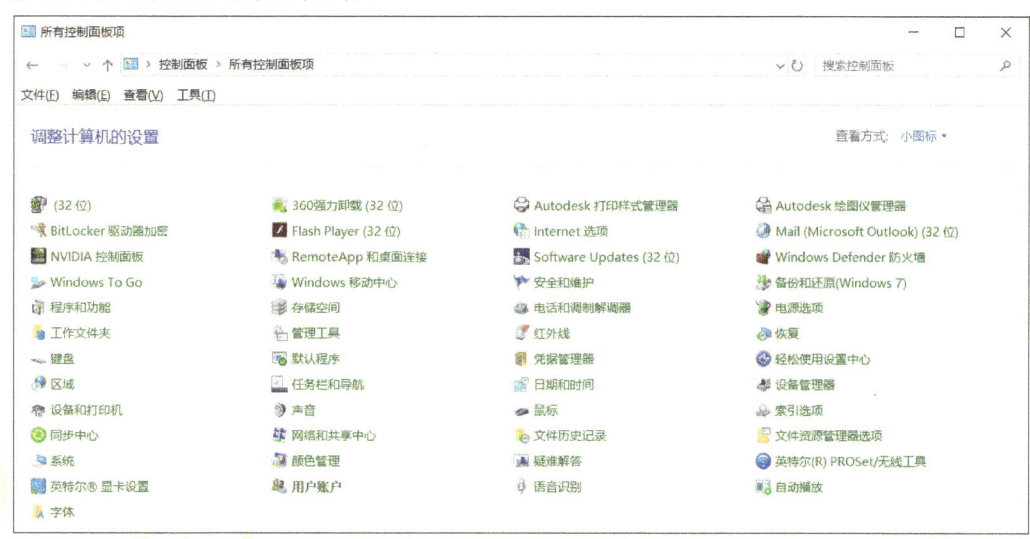

图6-5　"控制面板"小图标界面

图6-6 "控制面板"类别界面

下面按照类别来分别介绍各项目的功能及作用。

1. 系统和安全

用于查看并更改系统和安全状态，备份并还原文件和系统设置，更新计算机，查看RAM和处理器速度和检查防火墙等。"系统和安全"类别下的各项功能如图6-7所示。

图6-7 "系统和安全"类别下的各项功能

2. 用户账户

用于Windows系统用户账户和密码的更改设置。"用户账户"类别下的各项功能如图6-8所示。

图6-8 "用户账户"类别下的各项功能

3. 网络和Internet

用于检查网络状态并更改设置、设置共享文件和计算机的首选项、配置Internet显示和连接等。"网络和Internet"类别下的各项功能如图6-9所示。

4. 外观和个性化

用于更改桌面项目的外观、将主题或屏幕保护程序应用于计算机或者自定义任务栏。"外观和个性化"类别下的各项功能如图6-10所示。

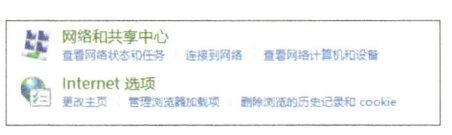

图6-9 "网络和Internet"类别下的各项功能

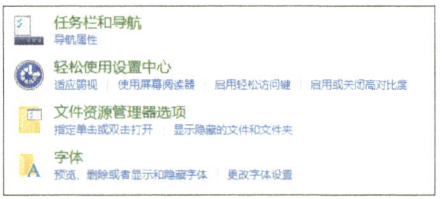

图6-10 "外观和个性化"类别下的各项功能

5. 硬件和声音

用于添加或删除打印机和其他硬件、更改系统声音、自动播放CD、节省电源、更新设备驱动程序等。"硬件和声音"类别下的各项功能如图6-11所示。

6. 时钟和区域

用于更改计算机的日期、时间和时区，更改数字、货币、日期和时间的显示方式。"时钟和区域"类别下的各项功能如图6-12所示。

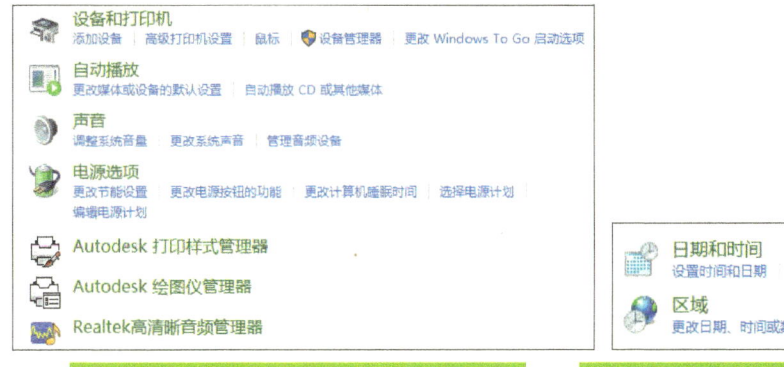

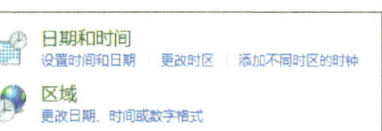

图6-11 "硬件和声音"类别下的各项功能　　图6-12 "时钟和区域"类别下的各项功能

7. 程序

用于卸载程序或Windows功能、卸载小工具、从网络或通过联机获取新程序等。"程序"类别下的各项功能如图6-13所示。

8. 轻松使用

用于为视觉、听觉等要求调整计算机设置，并通过声音命令使用语音识别控制计算机。"轻松使用"类别下的各项功能如图6-14所示。

图6-13 "程序"类别下的各项功能

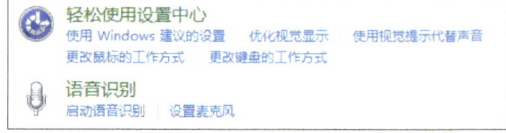
图6-14 "轻松使用"类别下的各项功能

6.2.2 快捷菜单

鼠标右键的快捷菜单可以帮助用户完成一些操作，例如，查看图标、排序方式、刷新、粘贴、复制等一系列操作。在桌面空白处单击鼠标右键，即可打开快捷菜单。

快捷菜单的操作界面如图6-15所示，包括了以下几个项目。

图6-15 "快捷菜单"操作界面

1. 查看

查看界面包括大图标、中图标、小图标、自动排列图标、将图标与网格对齐、显示桌面图标等，用户可以根据个人需求对图标进行设置。

2. 排列方式

排列方式界面包括名称、大小、项目类型、修改日期等，用户可以根据个人需求对排列方式进行设置。

3. 刷新

刷新是为了使更改过的系统设置生效。例如，桌面上的某个快捷方式更改了图标，在单击"确定"或"应用"按钮的时候新图标就可以自动生效。但有时因某种原因，新图标没有立即显示，这时就需要手动刷新一下，以便使新设置生效。

4. 粘贴、复制

是将文件从一处复制一份完全一样的到另一处，而原始的一份依然保留。

5. 新建

可以在桌面或文件夹内新建文件夹、快捷方式、文本文档等。

6. 显示设置

可以调整屏幕的显示亮度、缩放布局以及屏幕分辨率、方向等，如图6-16所示。

7. 个性化

可以设置桌面背景、主题颜色、锁屏界面、主题、字体、开始菜单栏和任务栏等，如图6-17所示。

单元 6　计算机系统维护

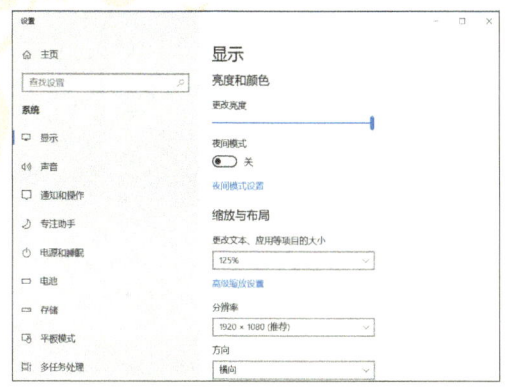

图6-16　显示设置功能界面

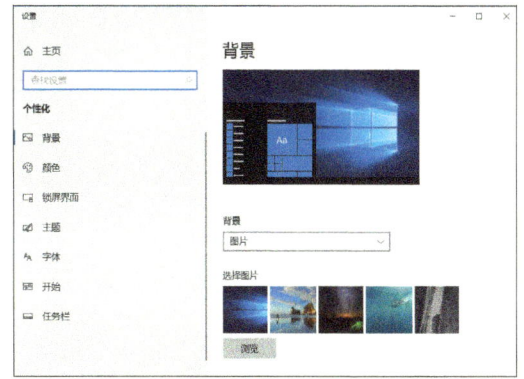

图6-17　个性化功能界面

6.2.3　任务管理器

Windows任务管理器提供了有关计算机性能的信息，并显示了计算机上所运行的程序和进程的详细信息。

任务管理器的打开方式为：在任务栏空白处右击选择"任务管理器（K）"命令，或按快捷键<Ctrl + Shift + Esc>即可打开。

任务管理器的操作界面如图6-18所示，它的用户界面提供了文件、选项、查看三个菜单项，其下还有进程、性能、应用历史记录、启动、用户、详细信息、服务七个标签页，窗口底部则是状态栏，从这里可以查看当前系统的进程数、CPU利用率、更改的内存容量等数据，默认设置下系统每隔2s对数据进行1次自动更新。请扫描"图6-18"二维码查看高清彩色图片。

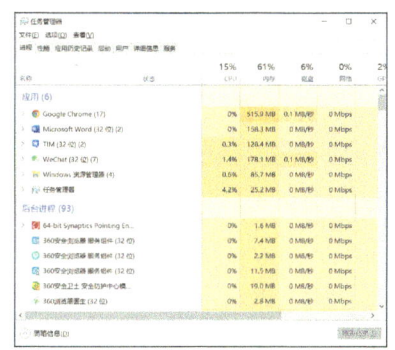
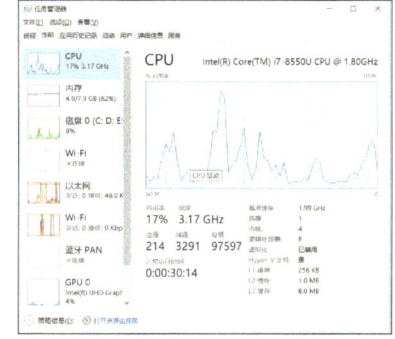

图6-18

图6-18　"任务管理器"操作界面

6.2.4　Windows设置的介绍

Windows设置是Windows系统里的设置程序，相对于控制面板，它更加简洁、美观，更加适合使用。微软曾于2015年表示，它将取代控制面板，但是目前控制面板和Windows设置两个仍同时存在于系统中。

129

Windows设置的打开方式为右击屏幕左下角的Windows按钮，选择"设置"命令即可打开，如图6-19所示。

Windows设置的操作界面如图6-20所示，可设置的项目很多，包括系统、设备、手机、网络和Internet、个性化、应用、账户、时间和语言、游戏、轻松使用、搜索、隐私、更新和安全等功能，用户可以根据需求进行相应的设置，部分功能与控制面板内的完全相同。

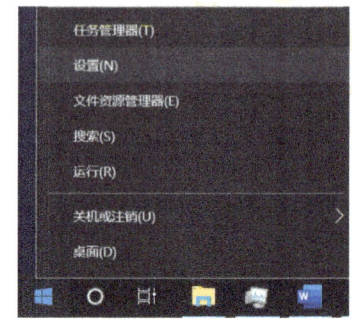

图6-19 打开"Windows设置"

图6-20 "Windows设置"操作界面

6.3 常用工具软件

6.3.1 工具软件的概念

工具软件是指除操作系统、应用软件之外的一些用于辅助计算机系统开发、维护和管理的软件，多数是为了增强和扩充原有操作系统的某些功能。大多数工具软件是共享软件、免费软件、自由软件或者软件厂商开发的小型商业软件，是解决一些特定问题的有利工具。

工具软件的特点为：

1）占用空间小。一般只有几MB到几十MB，安装后占用磁盘空间较小。

2）功能单一。每个工具软件都是为了满足用户某类特定需求设计的，因此其功能单一。

3）可免费使用。对于大部分工具软件，用户可以从网上直接下载到本地计算机上。

4）使用方便。界面清晰，比较容易操作。

5）更新较快。会跟随用户的反馈和需要，不断进行升级和更新。

6.3.2 常用工具软件分类

常用工具软件类别丰富，分类方法也很多样，一般基于用户的使用习惯，根据其用途的不同，可以分为以下几个类别。

1）系统类：用于计算机硬件管理与系统维护优化等功能，包括系统增强、系统测试、系统备份、驱动管理、桌面工具、磁盘工具、数据备份等，例如，鲁大师、驱动精灵、DiskGenius、AIDA64（原EVEREST）等。

2）安全类：包括系统安全、网络安全、病毒防治、文件加密等工具，例如，Windows Defender、360杀毒、金山毒霸、瑞星杀毒、卡巴斯基、小红伞、Avast等。

3）图像类：包括图形图像的创建、编辑、修改、查看等功能的工具，例如，Photoshop、CorelDRAW、美图秀秀、ACDSee等。

4）多媒体类：包括媒体音视频管理、编辑、制作、播放以及格式转换等功能的工具，例如，Windows Media Player、暴风影音、QQ影音等。

5）网络类：主要用于在网络环境下增强系统对网络浏览、下载等进行管理，包括浏览器、下载工具、网络共享工具等，例如，Chrome、Firefox、迅雷、BitComet等。

6）通信类：在网络环境中，用于通信交流的互动式软件。包括目前应用最广泛的即时通信（Instant Messenger，IM）软件，如微信、QQ、Skype等，还包括通信管理、邮件管理等，如Foxmail、网易邮箱大师等。

7）应用类：包括文字输入、文档处理、文件解压、文件恢复、电子阅读等功能的工具，例如，Microsoft Office、搜狗输入法、WinRAR、EasyRecovery、金山PDF、福昕阅读器等。

6.3.3 工具软件的获取途径

工具软件的获取方式一般分为以下3种：

1. 直接在网络下载

直接在浏览器里搜索所需工具软件的名称，进入其官网进行下载，此方法只针对免费的工具软件。

2. 使用应用商城软件下载

需要下载一个应用商城类的软件，在软件的搜索界面输入所需的工具软件进行下载，但是此方法在下载时可能捆绑其他软件下载，需谨慎使用。

3. 付费购买后下载

如果所需的工具软件不免费，则需要购买此软件的使用权，购买完成后输入相应的序列码等就可以完成下载和使用。

6.3.4 常用工具软件举例

1. Windows管理工具

Windows 10系统中内置了许多强大的管理工具，可以满足基本的系统管理、维护、优化等功能。管理工具的打开方式有两种，一种是通过开始菜单，找到Windows管理工具文件夹，展开后可以看到各种管理工具，如图6-21所示；另一种方式是通过控制面板，在系统和安全类别中找到管理工具并打开，如图6-22所示。

图6-21　开始菜单的Windows管理工具

图6-22　控制面板中的管理工具

（1）磁盘清理

计算机使用一段时间之后，各个磁盘都积累了很多不需要的文件或者垃圾，占用内存空间，比如已下载的程序文件、临时文件、回收站等，此时，可以使用管理工具中的"磁盘清理"工具对各个分区进行清理，如图6-23所示。

（2）磁盘碎片整理

磁盘碎片即为文件碎片，是由于文件被分散保存到整个磁盘的不同地方，而不是保存在磁盘连续的簇中形成的。文件碎片一般不会在系统中引起问题，但文件碎片过多会使系统在读文件的时候来回寻找，引起系统性能下降，严重的还要缩短硬盘寿命。

图6-23　磁盘清理

磁盘碎片整理就是通过系统软件或者专业的磁盘碎片整理软件对计算机磁盘在长期使用过程中产生的碎片和凌乱文件重新整理，可提高计算机的整体性能和运行速度。而固态硬盘是无须进行磁盘碎片整理的，但是却可以通过优化提升磁盘性能。Windows系统自带的"磁盘碎片整理"工具到Windows 10中已经更新为"碎片整理和优化驱动器"，除了传统的磁盘碎片整理功能，还增加了磁盘优化功能，如图6-24所示。

单元6 计算机系统维护

图6-24 碎片整理和优化驱动器

（3）内存诊断

在计算机的使用中，内存会由于质量不佳或与主板等硬件兼容不良等原因出现许多致命错误，例如，蓝屏、软件闪退、死机、自动重启等。要进行内存故障检查，可使用系统自带的"Windows内存诊断"工具。

内存诊断程序不能马上在当前Windows环境下运行，由于对存在问题的内存检查会使计算机信息丢失或停止工作，因此系统采用"立即重新启动并检查问题（推荐）"和"下次启动计算机时检查问题"两种方式来运行该程序，如图6-25所示。

在计算机重启后，系统会自动进入内存诊断，如图6-26所示。等检测完成后重启系统，系统将自动报告诊断结果。请扫描"图6-26"二维码查看高清彩色图片。

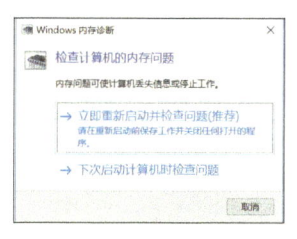

图6-25 内存诊断方式

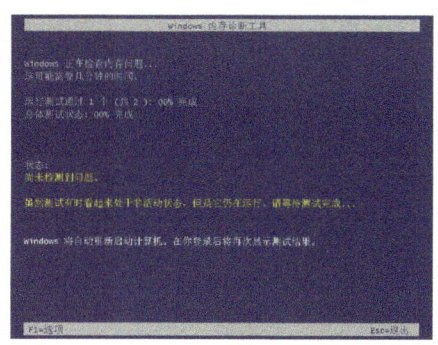

图6-26 内存诊断状态

2．杀毒软件

计算机病毒是人为制造的有破坏性、传染性和潜伏性的对计算机信息或系统起破坏作用的程序。它不是独立存在的，而是隐蔽在其他可执行的程序之中。计算机中病毒后，轻则影响机器运行速度，重则使系统被破坏，给用户带来很大的损失。

计算机木马（又名间谍程序）是一种后门程序，与一般的病毒不同，它不会自我繁殖，也不"刻意"地去感染其他文件，它通过伪装自身吸引用户下载执行，向施种木马者提供打开被种主机的门户，使施种者可以任意毁坏、窃取被种者的文件，甚至远程操控被种主机。

计算机病毒和木马的产生严重危害着计算机的安全运行，计算机使用者要提高计算机安全防护意识，在系统中安装杀毒软件就是一种最简单有效的防护方法。

（1）Windows Defender

Windows Defender是微软推出的一个杀毒程序，在Windows Vista之后的版本中已经成为系统内置的软件，如图6-27所示。

图6-27　Windows Defender安全中心

2020年4月，微软更新了Windows安全中心应用，在之后的新版中将Windows Defender更名为Microsoft Defender，如图6-28所示。

由于是微软官方出品，对于Windows的兼容性有着独一无二的优势，其系统资源占用低，采用最新的防御技术，查杀率高，更新速度极快，能够防御和查杀最新的威胁。

Windows Defender提供的扫描类型分为完全扫描、快速扫描和自定义扫描3种。它可以对系统进行实时监控，移除已安装的Active X插件，清除大多数微软的程序和其他常用程序的历史记录。

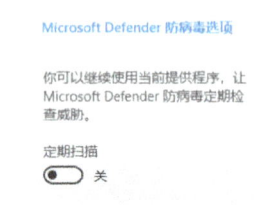

图6-28　Microsoft Defender防病毒选项

当计算机中安装了其他第三方杀毒软件时，Windows Defender会自动停用。

（2）360安全产品

360安全卫士是一款安全软件，有查杀木马、清理插件、修复漏洞、电脑体检、电脑救援、保护隐私、电脑专家、清理垃圾、清理痕迹等多种功能，如图6-29所示。

单元6　计算机系统维护

360杀毒是一款免费的云安全杀毒软件，如图6-30所示。它整合了五大查杀引擎，包括国际知名的BitDefender病毒查杀引擎、Avira（小红伞）病毒查杀引擎、360云查杀引擎、360主动防御引擎以及360第二代QVM人工智能引擎。

图6-29　360安全卫士

图6-30　360杀毒

6.4　网络系统维护

6.4.1　网络的概念

网络（Network）是指在物理上或逻辑上，按一定拓扑结构连接在一起的多个节点和链路的集合。计算机网络系统就是利用通信设备和线路将地理位置不同、功能独立的多个计算机系统互联起来，以功能完善的网络软件实现网络中资源共享和信息传递的系统。

计算机网络系统包括网络硬件和网络软件。在网络系统中，硬件的选择对网络起着决定性的作用，而网络软件则是挖掘网络潜力的工具。

请扫描**"网络设置"** 二维码，观看配套技能训练指导视频：网络设置与检测。

1. 网络的组成

一个计算机网络主要由计算机系统、数据通信设备、网络软件及协议三大部分组成。

（1）计算机系统

计算机系统是网络的基本模块，主要完成数据信息的收集、存储、处理和输出任务，并提供各种网络资源。计算机系统根据在网络中的用途还可以分为服务器和客户机。

(2) 数据通信设备

数据通信设备是连接网络基本模块的桥梁，它提供各种连接技术和信息交换技术，主要由通信控制处理机、传输介质和网络互联设备等组成。

(3) 网络软件及协议

网络软件是计算机网络中不可或缺的重要部分。网络软件一方面授权用户对网络资源进行访问，帮助用户方便、安全地使用网络；另一方面管理和调度网络资源，提供网络通信和用户所需的各种网络服务。网络软件一般包括网络操作系统、网络协议、通信软件以及管理和服务软件等。

计算机网络的系统功能主要有网络通信和资源共享。因此计算机网络可以分为资源子网和通信子网两大部分。其中，把网络中实现资源共享的设备和软件的集合称为资源子网，把实现网络通信功能的设备及其软件的集合称为通信子网。

2. 网络的分类

网络可以根据不同的结构、方式、范围分成不同的种类，大致可以分为以下3类：

(1) 按拓扑结构分类

可分为总线型、环形、星形、网状和混合型。

(2) 按网络的使用范围分类

可以分为公用网和专用网。

(3) 按覆盖范围分类

可分为局域网、城域网、广域网。

1) 局域网（作用范围一般为几m到几十km）。局域网（Local Area Network，LAN）全称为局部区域网络，是仅在某一区域内由多台计算机相互连接形成的计算机网络，通常用于连接公司办公室或工厂中的个人计算机，以便共享资源（例如，打印机资源的共享）和交换信息。

2) 城域网（作用范围一般为几十至几百km）。城域网（Metropolitan Area Network，MAN）也叫都会网络，采用和局域网类似的技术，通常是跨越一个城市或一个大型校园的大规模计算机网络。它可能是一个单一的网络（如有线电视网），也可能是将多个局域网连接起来而形成的一个更大规模的网络。

3) 广域网（作用范围一般为几百到几万km）。广域网（Wide Area Network，WAN）也叫远程网，是一种地理范围巨大的网络，它将分布在不同地区的局域网或计算机系统互联起来，达到资源共享的目的。广域网的覆盖范围最远可达到几万km，一般由通信公司建立和维护。例如，国家之间建立的网络都是广域网。Internet就是一个覆盖全世界的、范围最大的WAN。

3. 网络地址

在同一网络中，计算机之间需要按照统一的规则进行通信。在现有网络中这个统一的规则就是TCP/IP。网络依靠TCP/IP，在全球范围内实现不同硬件结构、不同操作系统、不同网络系统的互相联系。

请扫描"IP地址"二维码，了解和学习IP地址的概念和分类等详细内容。

6.4.2 网络通信设备

通常在小型办公环境和家庭环境中用到的网络设备主要有网卡、交换机、路由器、调制解调器等。

1. 网卡

网卡是用来支持计算机在网络上进行通信的计算机硬件。

每一个网卡都有一个被称为MAC地址的唯一的48位串行号，它被写在卡上的一块ROM中。在网络上的每一个计算机都必须拥有一个唯一的MAC地址。

2. 交换机

交换机是一种用于电（光）信号转发的设备，如图6-31所示。网络交换机能为子网络中提供更多的连接端口，以便连接更多的计算机。交换机有多个端口，每个端口都具有桥接功能，可以连接一个局域网或一台高性能服务器或工作站。

图6-31 交换机

网络交换机的应用领域非常广泛，在大大小小的局域网都可以见到它们的踪影。它的端口速率可以不同，工作方式也可以不同，如可以提供10MB/100MB/1000MB的带宽，提供半双工、全双工、自适应的工作方式等。

3. 路由器

路由器是连接互联网中各局域网、广域网的设备。它会根据信道的情况自动选择和设定路由，以最佳路径按前后顺序发送信号。

子网划分将一个网络划分成一个个的子网，每个子网拥有不同的网段。二层交换机只能实现连在它上面的同一个网段的主机之间的通信，如果是不同的网段就算连在同一个交换机上仍不能相互通信。而路由器能将不同网络或网段之间的数据进行"翻译"，实现不同网段之间的通信。

目前家用路由器一般都带有WiFi功能，称为无线路由器，如图6-32所示。

图6-32 无线路由器

4. 调制解调器

调制解调器是调制器与解调器的简称，也可称为Modem或者"猫"，如图6-33所示。电话线路传输的是模拟电信号，光纤线路传输的是光信号，而计算机之间传输的是数字电信号。因此当通过电话线（光纤）把计算机连入Internet时，就必须使用调制解调器来"翻译"不同的信号。

图6-33 调制解调器

以电话线接入为例，在实际连接过程中，调制解调器、路由器、交换机的连接关系如图6-34所示。通过电话分线器将电话线分为两路，一路连接固定电话，另一路连接调制解调器，调制解调器通过网线再连接路由器，最后直接连接计算机。若要满足多台计算机同时联网的要求，可以在路由器后加入一个交换机，增加计算机联网数量。请扫描"图6-34"二维码查看高清彩色图片。

图片

图 6-34

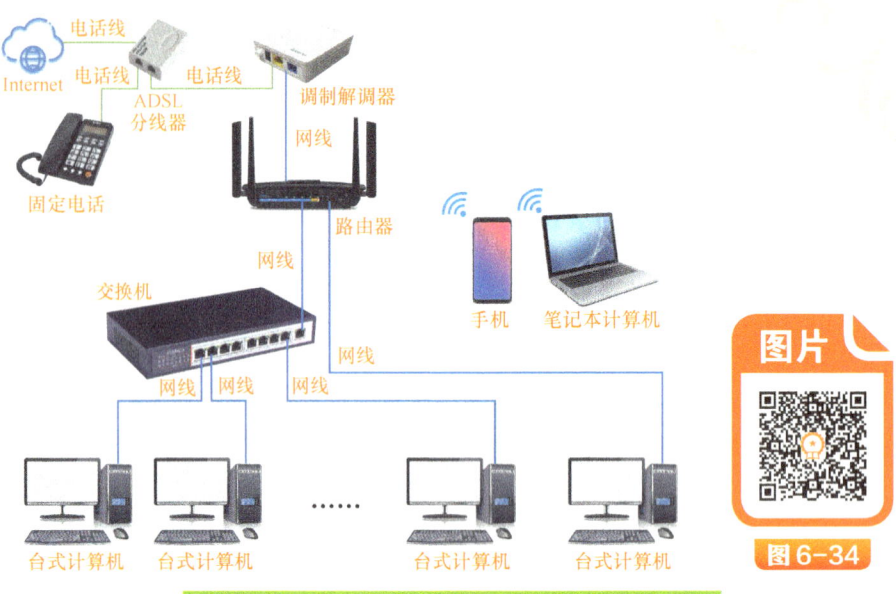

图6-34　调制解调器、路由器、交换机的连接关系

除此之外，还有光猫路由一体机，它集成了光纤调制解调器和路由器的功能，一般由运营商提供，如图6-35所示。一体机集成有多种接口类型：网络接口用于连接计算机或者路由器；IPTV接口用于连接机顶盒收看电视；语音接口用于连接固定电话。其连接关系如图6-36所示。请扫描**“图6-36”**二维码查看高清彩色图片。

图6-35　光猫路由一体机

图片

图 6-36

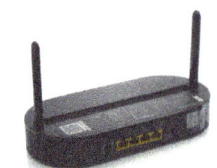

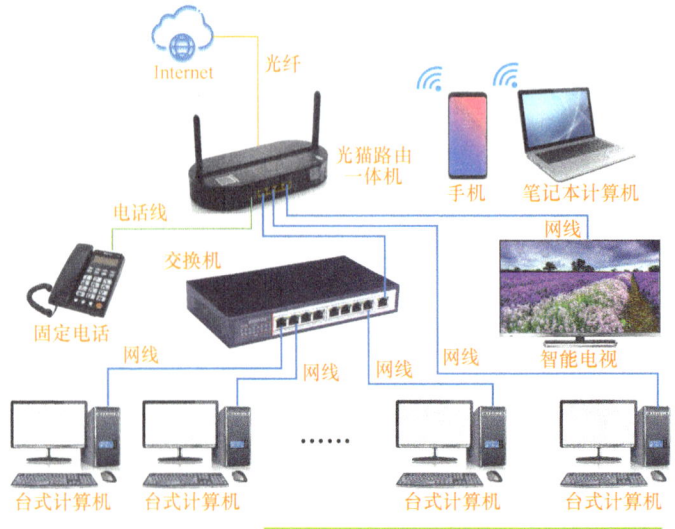

图6-36　光猫路由一体机的连接关系

单元6 计算机系统维护

6.4.3 网络跳线和模块

在计算机网络应用系统中，有专门研究表明70%的故障发生在综合布线系统，综合布线系统故障的90%发生在永久链路的网络水晶头或网络模块的端接中。综合布线系统是信息高速公路，网络跳线连接高速公路出口，最终连接各种网络终端设备。

网络跳线制作是网络系统维护的基础技能，包括网络水晶头、网络模块的端接技能等，请扫描"**跳线制作**"二维码，观看网络跳线制作与测试视频，掌握网络跳线的制作技能。

请扫描"**网络模块**"二维码，观看网络模块制作与测试视频，掌握网络模块的制作技能。

6.5 技能训练

6.5.1 互动练习

请扫描"**互动练习**"二维码下载，完成单元6互动练习任务2个。

6.5.2 习题

请扫描"**习题6**"二维码下载，完成单元6习题任务。

6.5.3 系统备份与还原技能训练任务和配套视频

请扫描"**备份与还原**"二维码，完成系统备份与还原技能训练任务。请扫描"**系统备份**"二维码，观看系统备份与还原视频。

6.5.4 网络设置与检测技能训练任务和配套视频

请扫描"**网络设置检测**"二维码，完成网络的设置与检测技能训练任务。请扫描"**网络设置**"二维码，观看网络设置与检测视频。

6.5.5 网络跳线制作与测试技能训练任务和配套视频

请扫描6.4.3中"**跳线制作**"二维码，观看网络跳线制作与测试，完成网络跳线制作与测试技能训练任务。

6.5.6 网络模块端接与测试技能训练任务和配套视频

请扫描6.4.3中"**网络模块**"二维码，观看网络模块端接与测试，完成模块端接与测试技能训练任务。

单元7
常见计算机故障检测分析与技能训练

本单元将以西元计算机装调与维修技能鉴定装置为平台，详细介绍计算机系统常见各类故障的分析与检测方法，使读者快速熟悉和掌握如何准确地找到故障产生的原因。

学习目标

★ 掌握计算机常见故障原因的分析方法
★ 掌握计算机常见故障的检测方法
★ 掌握计算机故障自动测试软件定位故障的方法
★ 掌握简单故障的排除方法

信息保护与隐私泄露

手机、计算机、Pad等现代电子信息设备中往往存储着使用者的重要信息和隐私，因此信息保护是电子信息设备维修行业最主要的规则。建议在维修前，将电子信息设备中的重要内容提前备份，并卸载或删除单位保密和个人隐私内容，避免在维修过程中删除或泄露。

现在个人生活与工作的数据越来越多地暴露于计算机网络之中，衣食住行、社交习惯都有迹可循，我们在享受科技与互联网便利的同时，也泄露了较多隐私，越来越多的信息数据泄露事件持续提醒我们信息保护与信息安全的重要性。请扫描**"情景案例7"**二维码，了解更多计算机维修与信息保护方面的隐私数据泄露安全事件。

7.1 音频输出故障检测分析与技能训练

7.1.1 耳机无声音故障

现象1： 耳机插入后，无声音传输。产生此类故障的可能原因如下。

1. 耳机插入孔位错误

如图7-1所示，机箱前面板有2个插孔，分别为麦克风和

图7-1 前面板音频接口

音频接口。如果没有按照图标插入，会造成耳机无声音或麦克风无法使用。

如图7-2所示，机箱后面板有6个插孔，分别为音频输入（蓝）、音频输出（绿）、麦克风（粉）、中置/低频喇叭（橙）、后置环绕喇叭（黑）、侧边环绕喇叭（灰），有些后面板接口没有图标提示，应该将接口颜色与接口定义牢记，正确使用。

图7-2　后面板音频接口

2. 耳机硬件损坏，会导致插入后没有声音

3. 耳机插头与插孔不匹配，会导致插入后没有声音

4. 软件原因

1）插入前面板耳机插孔没有声音传输，可能是软件设置没有把前面板的权限打开，需要手动设置。

2）插入声卡上的耳机插孔没有声音传输，可能是声卡的驱动程序未安装，需要安装相应的驱动程序。

7.1.2　播放提示错误故障

现象2：播放视频或音乐系统提示错误。造成此类故障的原因如下。

系统将"Windows Audio"进行占用，导致在播放视频或音乐时，系统提示"错误0xc00d4e85"。

7.1.3　噪声大故障

现象3：声音可以传输，但噪声很大。造成此类故障的原因如下。

1. 音箱产生噪声：音箱振动区域存在异物或灰尘，导致传输声音时产生噪声

2. 耳机产生噪声：耳机内部的硬件损坏，导致传输声音时产生噪声

7.1.4　左右声道声音不同故障

现象4：左声道与右声道传输声音大小不一，或左、右声道有一个没有声音。造成此类故障的可能原因如下。

1. 软件原因

声道平衡设置存在问题，没有将平衡点放置在中间位置。往左偏移后，左声道声音小，右声道声音大；往右偏移则相反。

2. 硬件原因

主板上音频芯片的电路出现故障，导致声音传输存在差异。

7.1.5　音频输出故障检测分析方法

请扫描**"音频故障"**二维码，学习音频输出故障检测分析方法。

7.1.6 音频输出故障检测与维修技能训练任务和配套视频

本训练任务主要内容包括训练任务来源、训练任务、训练设备、训练工具、训练步骤、维修经验等，请扫描**"音频故障"**二维码，完成本训练任务。

请扫描**"音频技能"**二维码，观看配套技能训练指导视频：音频输出故障检测与维修方法。

7.2 网络故障检测分析与技能训练

7.2.1 网络未连接故障

现象1： 任务栏右下角网络连接图标出现红色叉号，提示"网络未连接-连接不可用"。造成此类故障的原因如下。

1. 网络跳线没有正确插入

网络跳线没有插入主板的网络接口，会导致桌面右下角的图标出现红色叉号，网络无法连接。

2. 网络跳线的线序错误

根据EIA/TIA的布线标准，规定了两种网络跳线的线序，它们分别是T568A与T568B。正确的网络跳线的线序分别为：

T568A线序为：白绿，绿，白橙，蓝，白蓝，橙，白棕，棕，如图7-3a所示。
T568B线序为：白橙，橙，白绿，蓝，白蓝，绿，白棕，棕，如图7-3b所示。
请扫描**"图7-3"**二维码查看高清彩色图片。

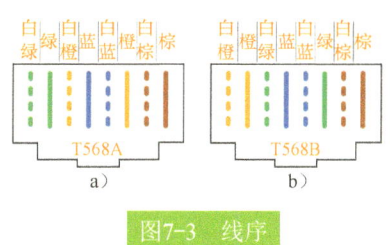

图7-3 线序
a) T568A b) T568B

3. 集成网卡芯片损坏

集成网卡芯片是指整合了网络功能的主板所集成的网卡芯片，如图7-4所示。与之相对应在主板的后面板也有相应的RJ-45网络接口，如图7-5所示，该接口一般位于主板后面板USB接口附近。当该区域电路损坏或芯片损坏，会导致网线插入后计算机无法识别网络而导致计算机无法上网。

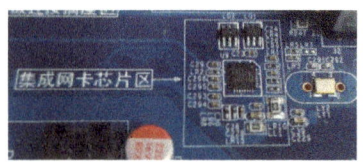

图7-4 集成网卡芯片区

图7-5 网络接口

7.2.2 未识别的网络故障

现象2： 任务栏右下角网络连接图标出现黄色叹号，提示"未识别的网络-无法连接到Internet"。造成此类故障的原因如下：

当网络连接出现故障时，需要手动重置网络连接，使它重新获取IP地址和DNS地址。

7.2.3 网络显示正常上网异常故障

现象3： 任务栏右下角网络连接图标显示网络连接，但是计算机无法上网。产生此类故障的可能原因如下。

1. IP地址设置错误

IP地址可以在"网络连接详细信息"中查看。当所设置IP地址错误时，例如，IP网段错误、子网掩码错误、网关错误、DNS错误等，应及时修改自己的IP地址。

2. IP地址冲突

自己所设置的IP地址被别人同样设置为IP地址，会导致IP地址暂时失效，无法正常上网，需要更改IP地址。

7.2.4 网络故障检测分析方法

请扫描**"网络故障"**二维码，学习网络故障检测分析方法。

7.2.5 网络故障检测与维修技能训练任务和配套视频

本训练任务主要内容包括训练任务来源、训练任务、训练设备、训练工具、训练步骤、维修经验等，请扫描**"网络故障"**二维码，完成本训练任务。

请扫描**"网络技能"**二维码，观看配套技能训练指导视频：网络故障检测与维修方法。

7.3 USB接口类故障检测分析与技能训练

7.3.1 无法识别的设备故障

现象1：U盘插入后，系统提示"无法识别的设备"。产生此类故障的可能原因为U盘接口电路故障。

USB 2.0接口有两根数据线进行数据传输，若数据传输引脚损坏，会导致U盘插入计算机后，系统提示"无法识别的设备"。

7.3.2 插入USB设备无响应故障

现象2：USB设备插入前置面板USB接口，系统无提示，找不到插入的USB设备。造成此类故障的原因如下。

1. 前面板连接线未与主板连接

图7-6所示的前面板USB连接线，对应图7-7所示的主板上F_USB，如果未连接，则会造成USB设备插入前面板，系统无反应，无法找到插入的设备。

图7-6 前面板USB连接线

图7-7 主板9针插座

2. 前面板连接线错误连接

前面板的USB连接线有防呆标识，若方向错误暴力插入，可能导致主板电路烧毁。

3. 主板USB驱动程序异常

Windows 7以上系统已经集成了USB驱动程序，一般无须再单独安装驱动程序，但如果驱动程序文件被误删或文件损坏，则可能会造成USB接口无法使用，此时需要重新安装USB驱动程序。

7.3.3 无法识别移动硬盘故障

现象3：接上USB接口移动硬盘时，显示未识别设备。造成此类故障的可能原因为：前置USB接口电压传输不稳定。移动硬盘等功率较大的设备对于电压要求较为严格，而前置面板接口的连接线因线径不足等原因，会造成电压或功率不足，导致设备供电异常，系统无法识别此设备。

7.3.4 USB接口类故障检测分析方法

请扫描"**接口故障**"二维码，学习接口类故障检测分析方法。

7.3.5　USB接口类故障检测与维修技能训练任务和配套视频

本训练任务主要内容包括训练任务来源、训练任务、训练设备、训练工具、训练步骤、维修经验等,请扫描**"接口故障"**二维码,完成本训练任务。

请扫描**"接口技能"**二维码,观看配套技能训练指导视频:USB接口类故障检测与维修方法。

7.4　扩展槽类故障检测分析与技能训练

7.4.1　PCI-E设备无法使用故障

现象: 在PCI-E插槽内插入相应的设备,设备无法使用。造成此类故障的原因如下。

1. PCI-E设备未正确安装

PCI-E插槽侧面有卡扣,在安装设备时,需要将设备按压至卡扣回弹,如图7-8所示,听到卡扣回弹声,说明设备安装牢靠,若卡扣没有回弹,说明设备金手指没有与插槽内的接触点密切接触,可能造成设备金手指与插槽内的接触点接触不良,导致插入的设备无法正常使用。

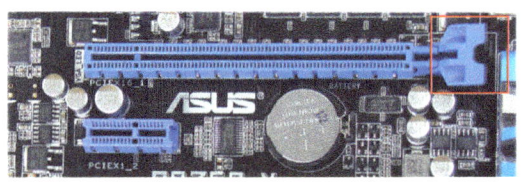

图7-8　PCI-E扩展槽卡扣

2. PCI-E插槽内存在灰尘或异物

PCI-E插槽内接触点较多,若存在异物卡在金手指与凹槽接触点之间,会影响插入设备的使用。

3. PCI-E插槽或PCI-E电路区域损坏

PCI-E插槽内有卧针的现象出现,导致金手指无法与插槽内的接触点正常连接。

7.4.2　扩展槽类故障检测分析方法

请扫描**"扩展槽故障"**二维码,学习扩展槽类故障检测分析方法。

7.4.3　扩展槽类故障检测与维修技能训练任务和配套视频

本训练任务主要内容包括训练任务来源、训练任务、训练设备、训练工具、训练步骤、维修经验等,请扫描**"扩展槽故障"**二维码,完成本训练任务。

请扫描**"扩展槽"**二维码,观看配套技能训练指导视频:扩展槽类故障检测与维修方法。

单元 7　常见计算机故障检测分析与技能训练

7.5　CPU控制端故障检测分析与技能训练

7.5.1　无法开机故障

现象1：按下开机按钮，CPU风扇正常运转，但显示器无画面，计算机无法正常开机。造成此故障的原因如下。

1. 没有插入CPU电源线

在CPU上方有主板单独给CPU供电的电源接口，图7-9所示的电源接口有两种规格，分别是4Pin和8Pin。目前8Pin较为常用，电源接口定义见表7-1。只有将CPU电源接入后才能正常开启计算机。请扫描"图7-9"二维码查看高清彩色图片。

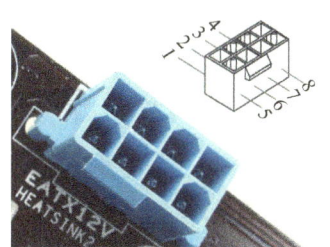

图7-9　CPU电源接口标识图（图左为8Pin，图右为4Pin）

表7-1　8Pin CPU电源接口定义

针　脚	定　义	针　脚	定　义
1	接地	5	+12V
2	接地	6	+12V
3	接地	7	+12V
4	接地	8	+12V

2. CPU插槽有卧针或掉针

卧针是指CPU插槽内的针脚歪斜，掉针是指CPU插槽内的针脚丢失，卧针或掉针会造成CPU触点接触异常。LGA封装主板CPU插座卧针现象如图7-10所示，PGA封装CPU针脚卧针现象如图7-11所示。

图7-10　LGA封装主板CPU插座卧针现象　　　图7-11　PGA封装CPU针脚卧针现象

7.5.2　系统崩溃蓝屏故障

现象2：按下开机按钮，计算机可开机，但开机进入系统后，系统崩溃、蓝屏。

产生此类故障的可能原因如下。

1. CPU散热器损坏，导致温度过高烧毁芯片，造成计算机系统崩溃、蓝屏

在安装CPU之后，需要给CPU安装散热器，若散热器损坏，会导致CPU内部芯片被烧毁，造成计算机通电后系统运行中突然出现蓝屏的情况。

2. CPU超频导致计算机出现系统崩溃、蓝屏

在CPU超频过程中，因电压增大等原因产生高温，可能会造成CPU损坏，导致计算机系统崩溃、蓝屏。因此，对于CPU超频一定要有足够的专业知识和强大的动手能力才可操作，避免因不当操作损坏CPU。

7.5.3 CPU控制端故障检测分析方法

请扫描"**CPU故障**"二维码，学习CPU控制端故障检测分析方法。

7.5.4 CPU控制端故障检测与维修技能训练任务和配套视频

本训练任务主要内容包括训练任务来源、训练任务、训练设备、训练工具、训练步骤、维修经验等，请扫描"**CPU故障**"二维码，完成本训练任务。

请扫描"**CPU技能**"二维码，观看配套技能训练指导视频：CPU控制端故障检测与维修方法。

7.6 内存故障检测分析与技能训练

7.6.1 开机报警故障

现象1：按下开机按钮后，风扇正常转动，显示器无显示，主板发出报警声。造成此类故障的原因如下。

1. 内存未正确安装

如图7-12所示，内存一侧或两侧有卡扣，如果内存未正确安装，会造成计算机按下开机按钮后，蜂鸣器持续报警，无法进入系统。内存插槽的卡扣用于固定内存，防止内存在插槽内掉落或磨损。

内存插槽是指主板上用来插内存的插槽。主板所支持的内存种类和容量都由内存插槽来决定。内存插槽通常最少有两个，市面上的主板内存插槽一般为4个。

内存要与内存插槽保持一致，目前使用的DDR内存经历了五代的发展，包括DDR、DDR2、DDR3、DDR4、DDR5，各代内存的针脚区别如图7-13所示。每一代防呆接口位置不同，导致内存插槽的设计不同，所以在购买内存时，一定要先确定主

单元 7　常见计算机故障检测分析与技能训练

板上的内存插槽为第几代，再选择相应的内存。请扫描"图7-13"二维码查看高清彩色图片。

图7-12　内存插槽卡扣　　　　　图7-13　DDR内存5代对比图

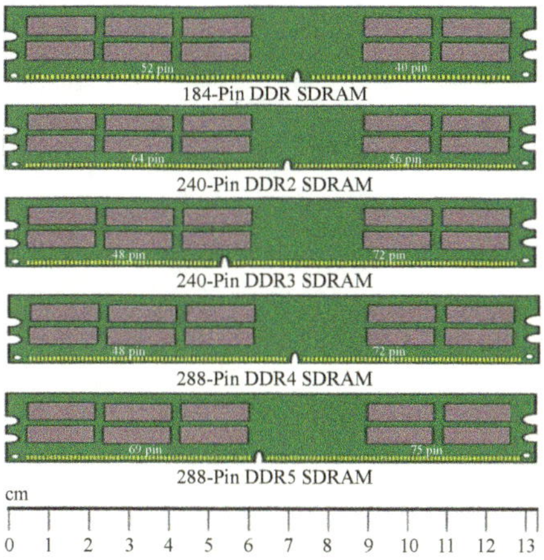

2．内存插槽有异物或灰尘

内存插槽中接触点较多，若存在异物卡在金手指与插槽接触点之间，则会影响计算机正常开机，造成蜂鸣器持续报警，无法进入系统。

3．内存金手指氧化，或存在灰尘

内存金手指长时间处于潮湿的环境，导致金手指氧化，如图7-14所示，造成计算机开机后蜂鸣器持续报警，无法进入系统。

图7-14　内存金手指氧化

4．主板内存区域电路损坏

主板内存区域电路损坏，会造成主板供电时出现掉电重启的现象。

7.6.2　系统报错故障

现象2：按下开机按钮后，可进入系统，但是系统会蓝屏，出现错误提示。造成此类故障的原因如下。

1．主板与内存不兼容

内存不兼容，开机后系统会提示"应用程序错误"，显示000×000000等类似的故障代码。

2．内存无法散热，导致温度过高，引发显示器蓝屏

内存在工作时会产生热量，若内存没有散热，会导致温度升高，继而引发显示器蓝屏的现象，如图7-15所示。请扫描"图7-15"二维码查看高清彩色图片。

149

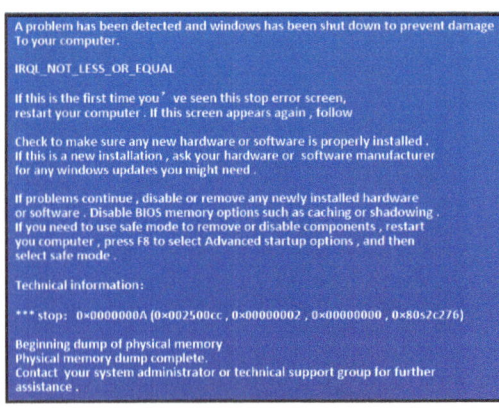

图7-15 系统提示错误

7.6.3 内存故障检测分析方法

请扫描**"内存故障"**二维码,学习内存故障检测分析方法。

7.6.4 内存故障检测与维修技能训练任务和配套视频

本训练任务主要内容包括训练任务来源、训练任务、训练设备、训练工具、训练步骤、维修经验等,请扫描**"内存故障"**二维码,完成本训练任务。

请扫描**"内存技能"**二维码,观看配套技能训练指导视频:内存故障检测与维修方法。

7.7 内接插座故障检测分析与技能训练

7.7.1 主板供电异常故障

现象1: 按下开关按钮后,计算机不开机,主板没有供电。造成此类故障的可能原因为主板供电插座损坏。主板供电插座为24Pin或20Pin,具有防呆设计,如图7-16所示。以24Pin为例,供电端口定义如图7-17所示。若该插座损坏,则会导致计算机电源无法给主板供电,计算机无法开机。请扫描**"图7-17"**二维码查看高清彩色图片。

图7-16 主板供电端口(左24Pin,右20Pin)

单元7 常见计算机故障检测分析与技能训练

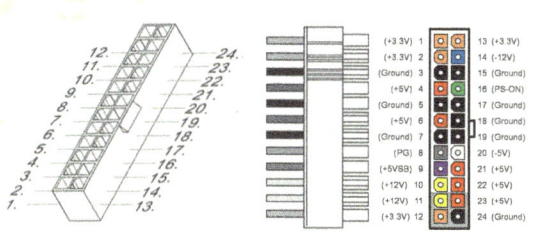

图7-17 主板24Pin供电端口定义（左插座，右插头）

图7-17

7.7.2 CPU散热风扇异常故障

现象2： 计算机可正常开机，但CPU散热器上的风扇不工作。造成此类故障的可能原因为CPU散热器供电插座损坏。CPU散热器供电插座为4Pin，该插座具有防呆标识，如图7-18所示，4Pin供电端口定义如图7-19所示。若该插座损坏，则会导致计算机开机后CPU散热器无法供电，造成CPU温度过高烧毁芯片或计算机自动关机。请扫描"**图7-19**"二维码查看高清彩色图片。

图7-18 主板CPU散热器4Pin供电端口　　图7-19 4Pin供电端口定义

7.7.3 掉电重启故障

现象3： 按下开机按钮开机，可开机，但很快出现掉电重启，并持续反复。造成此类故障的可能原因为插座损坏。前面板电源插座连接为9针插座，该插座需要根据引脚定义去连接，如图7-20所示，9针插座的引脚定义如图7-21所示。若该插座损坏，则会导致计算机连接电源后，计算机自动开机并出现掉电重启的现象。请扫描"**图7-21**"二维码查看高清彩色图片。

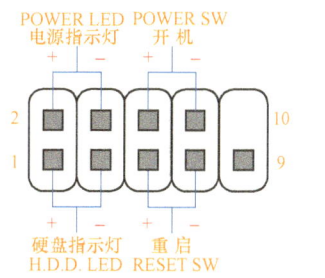

图7-20 主板9针插座　　图7-21 主板9针插座的引脚定义

7.7.4 内接插座故障检测分析方法

请扫描"**插座故障**"二维码,学习内接插座故障检测分析方法。

7.7.5 内接插座故障检测与维修技能训练任务和配套视频

本训练任务主要内容包括训练任务来源、训练任务、训练设备、训练工具、训练步骤、维修经验等,请扫描"**插座故障**"二维码,完成本训练任务。

请扫描"**插座技能**"二维码,观看配套技能训练指导视频:内接插座故障检测与维修方法。

7.8 芯片组故障检测分析与技能训练

7.8.1 无法开机故障

现象: 按下开机按钮后,主板不通电,但风扇在转,电源灯亮,屏幕无响应。造成此类故障的原因可能为主板芯片组损坏。

主板芯片组(Chipset)是主板的核心组成部分。芯片组决定了主板的功能,进而影响到整个计算机系统性能的发挥,芯片组性能的优劣会影响计算机整体的优劣。CPU的型号与种类繁多、功能特点不一,如果芯片组不能与CPU良好地协同工作,将严重影响计算机的整体性能,甚至使计算机不能正常工作。芯片组主要分为南桥芯片和北桥芯片,北桥芯片现在已经集成在CPU内,所以主板上能看到的芯片组就是南桥芯片,如图7-22所示。

图7-22 南桥芯片

7.8.2 芯片组故障检测分析方法

请扫描"**芯片组故障**"二维码,学习芯片组故障检测分析方法。

7.8.3 芯片组故障检测与维修技能训练任务和配套视频

本训练任务主要内容包括训练任务来源、训练任务、训练设备、训练工具、训练步骤、维修经验等,请扫描"**芯片组故障**"二维码,完成本训练任务。

请扫描"**芯片组**"二维码,观看配套技能训练指导视频:芯片组故障检测与维修方法。

单元 7　常见计算机故障检测分析与技能训练

7.9　技能训练

7.9.1　互动练习

请扫描"**互动练习**"二维码下载，完成单元7互动练习任务2个。

7.9.2　习题

请扫描"**习题7**"二维码下载，完成单元7习题任务。

参 考 文 献

[1] 唐秋宇，田静静．微机组装与维护实训教程[M]．4版．北京：中国铁道出版社，2017．

[2] 王红军．电脑组装与维修从入门到精通[M]．北京：机械工业出版社，2015．

[3] 创客诚品．电脑组装与维修从入门到精通[M]．北京：北京希望电子出版社，2017．

[4] 王公儒．综合布线工程实用技术[M]．3版．北京：中国铁道出版社，2021．

[5] 全国信息技术标准化技术委员会．计算机通用规范 第1部分：台式微型计算机：GB/T 9813.1—2016[S]．北京：中国标准出版社，2016．

[6] 全国信息技术标准化技术委员会．微小型计算机系统设备用开关电源通用规范：GB/T 14714—2008 [S]．北京：中国标准出版社，2008．

[7] 全国信息技术标准化技术委员会．计算机通用规范 第2部分：便携式微型计算机：GB/T 9813.2—2016[S]．北京：中国标准出版社，2016．

[8] 全国信息技术标准化技术委员会．计算机用鼠标器通用规范：GB/T 26245—2010[S]．北京：中国标准出版社，2010．

[9] 全国信息技术标准化技术委员会．信息处理用键盘通用规范：GB/T 14081—2010[S]．北京：中国标准出版社，2010．

[10] 中华人民共和国工业和信息化部．液晶显示器件 第1-1部分 总规范：GB/T 18910.11—2024[S]．北京：中国标准出版社，2024．

[11] 全国信息技术标准化技术委员会．微型计算机用机箱通用规范：GB/T 26246—2010[S]．北京：中国标准出版社，2010．

[12] 中华人民共和国人力资源和社会保障部，中华人民共和国工业和信息化部．计算机及外部设备装配调试员国家职业技能标准：6-25-03-00[S]．北京：中国劳动社会保障出版社，2019．

[13] 中华人民共和国人力资源和社会保障部，中华人民共和国工业和信息化部．计算机维修工国家职业技能标准：4-12-02-01[S]．北京：中国劳动社会保障出版社，2021．

[14] 西安开元电子实业有限公司．一种用于电子焊接实训的训练板：ZL2019211157616[P]．2020-05-08．

[15] 西安开元电子实业有限公司．计算机装调与维修实训指导书[Z]．2020．

[16] 西安开元电子实业有限公司．计算机装调与维修实训室解决方案[Z]．2024．